圖解系列

圖解

五南圖書出版公司 印行

再生能源

華健／編著

閱讀文字

理解內容

觀看圖表

圖解讓
再生能源
更簡單

再生能源是常識

我們今天面對的是正進行當中的能源危機。

我們每天所用的石油和煤這些化石燃料,幾乎全都仰賴進口,既貴又不可靠,而且很有限。我們無法不用電。而這電所仰賴的集中、大型發電廠和輸配電系統,也已不合時宜。

我們所用的傳統能源不僅危害環境,還會對健康構成威脅。既然有那麼多的能源問題,而且使用安全、永續且便宜的能源,也已成為當今世界各國共同追求的目標,照說任何乾淨且能生生不息、源源不斷的再生能源,就應該是可行的選項吧!

本書在於讓再生能源成為大家的一種常識。在書裡,我想強調我們所面對的能源問題,和我們可以調整,朝向永續的選項。我也在書裡討論到,如何可以在大舉實現再生能源的同時,兼顧經濟可行性。

小博士解說

能源的單位

表達能源的數量，常以在單位之前加上字首，表示乘上該單位。

符號	字首	相當於乘上	等於是
E	Exa-	10^{18}	One quintillion
P	Peta-	10^{15}	One quadrillion 千兆
T	Tera-	10^{12}	One trillion 兆
G	Giga-	10^{9}	One billion 十億
M	Mega-	10^{6}	One million 百萬
K	kilo-	10^{3}	One thousand 千

本書目錄

第 **4** 章

水力能

第 **5** 章

風能——從陸上到海上

第 **6** 章

太陽光電

第 **7** 章

海洋的動能與位能——波浪、潮汐、海流

第 **8** 章

海洋熱能與鹽差能

第 **9** 章

生物能源

第 **10** 章

地熱能源

第 **11** 章

氫和燃料電池

第 1 章

能源、環境、永續

章節體系架構 ▼

這幾十年來，人們對化石燃料與核燃料永續性問題格外關切。
在理想情形下，一種永續能源（sustainable energy）應該是：一方
面不會隨著持續使用而提早耗竭，同時不會帶來嚴重的環境問
題，並且也不嚴重危及健康與社會正義。

Unit **1-1**
能源與環境

　　從圖 1.1 可看出，過去兩世紀以來，人類大量使用化石燃料（fossil fuels）的趨勢。這在環境與社會方面造成了像是汙染、礦災及能源短缺等嚴重後果。但也一直到了 1970 年代，當石油價格急遽攀升，同時環保意識覺醒，人們才開始正視化石燃料終將枯竭，以及持續用它，可能對人體健康、地球生態環境及全球氣候，造成難以收拾後果的事實。

　　十九、二十世紀期間，人類懂得了如何從化石燃料當中擷取密集的能源，而帶動了工業革命。世界上有一部分人也因此獲益、受惠，過起了舒適甚至奢華的生活。直到進入千禧年之前，我們開始認清，如果想要長久持續滿足我們對能源的需求，就非得對全球能源供應體系，做出革命性的改變不可。

圖 1.1　世界各類能源消耗趨勢

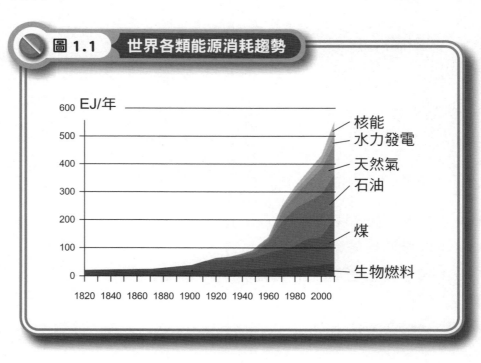

圖 1.2 基隆協和發電廠

使用煤和石油這些化石燃料，都會對環境與人體健康構成威脅。從一開始開採，接下來藉由管路及大型散裝輪船，在世界各處輸送，都存在著溢出、火災及爆炸的風險。提煉過程中產生的氣體、液體及固體毒性廢棄物，也都可對人類與動、植物及環境造成威脅。

直到這些化石燃料，在類似圖 1.2 的火力發電廠燃燒之後，又不可避免會產生大量、各類型有害甚至具毒性的汙染物，排放到空氣、表面水或地下水。而長期而言，對環境造成最大威脅的，恐怕還是排放物在大氣當中，穩步推升二氧化碳濃度，以致造成全球暖化與氣候變遷。

Unit **1-2**
能源和永續

　　供給地球上每個人安全、潔淨且穩定的能源，是人類當前所共同面對的最大挑戰之一。

　　今天我們使用化石燃料，幾乎已經到了上癮而無法自拔的地步，排放二氧化碳（CO_2）的程度，也愈來愈嚴重。從圖 1.3 可看出，台灣每人每年二氧化碳排放量，除了在 2008 至 2009 年間因金融風暴短暫下降外，持續從 5.73 公噸大幅增加為 10.9 公噸，在全世界排名第 16，在亞洲地區則居第一。

　　嚴重依賴燃燒化石燃料的一個很重要因素，便是人類長期以來所建立的化石燃料相關基礎設施。這些礦產的存量有限，除非尋求替代能源，否

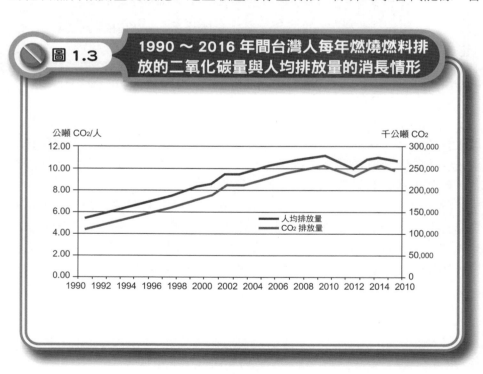

圖 **1.3**　**1990 ～ 2016 年間台灣人每年燃燒燃料排放的二氧化碳量與人均排放量的消長情形**

則終有枯竭的一天。何況這些化石能源只集中在少數國家或地區，因此為爭奪能源而發動戰爭也就不足為奇。

化石燃料的開發與儲運過程，也對人體健康和環境造成威脅。例如輪船觸礁導致海上溢油（oil spill）汙染，造成漁業和觀光資源的損失及生態浩劫，便經常登上媒體頭條新聞。

至於化石燃料燃燒所排放到大氣的硫氧化物（SOx）、氮氧化物（NOx）等汙染物，對於人體和環境的危害雖然嚴重，往往被輕易忽視。其燃燒所產生的 CO_2，更是造成全球暖化（global warming）與氣候變遷（climate change）等效應的人為排放溫室氣體（greenhouse gases, GHGs）的最大宗。

最近常常聽到的「永續性」（Sustainability）一詞，是繼 1987 年聯合國布倫特蘭委員會（Brundtland Commission）的報告《Our Common Future》當中提出之後，流行開的。該委員會將永續性，特別是永續發展（sustainable development）定義為「能滿足當前需要，而又不損及後代子孫用來滿足其本身需要的能力」。從能源的範疇來看，永續意味著擷取以下能源：

- 不會因持續使用而大幅消耗。

- 其使用不致伴隨著對環境造成大幅傷害的汙染物。

- 使用不致對健康與社會公平正義造成永久性的嚴重危害。

Unit 1-3
迎接氫經濟時代的來臨

　　圖 1.4 所示，為 1850 年至 2150 年間，全球能源系統發展情形。對於台灣和許多國家而言，在未來二十年內，逐步擴大使用氫以攜帶能源，可同時化解對能源安全、全球氣候變遷，以及空氣品質惡化的疑慮。

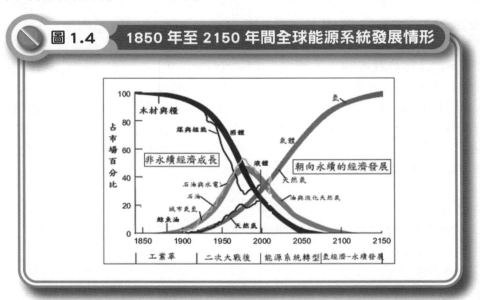

圖 1.4 　1850 年至 2150 年間全球能源系統發展情形

　　由於從各種本地能源皆可產生氫，國內對於國外能源的依賴亦得以紓解。此外，轉換氫的副產品，一般而言對於人體健康與環境皆屬無害。前瞻未來使用的能源，國際間已普遍達成以下共識：

　　氫將用於冰箱大小的燃料電池（fuel cell, FC）單元（圖 1.5）上，以產生家用電與熱。

　　加氫站（圖 1.6）將逐漸在都市設立，以供應氫車（hydrogen car）所需。

　　採用小型氫槽的微燃料電池（micro FC）將普遍使用在包括輕便發電機、電動單車，以及吸塵器等各種用途上。

　　大型 250 kW 固定燃料電池將用於備用電力，供應電網（power grid）的電力需求。

　　即便氫能的優點很多，實現氫經濟勢將面臨諸多挑戰。首先，其不如

汽油和天然氣早已具備必要的基礎條件，因此氫能需要龐大先期投資。其次，儘管目前氫的生產、儲存及輸送方面的技術，早已用於化工和煉油等工業，將既有的氫儲存與輸送技術擴大應用在能源上，仍嫌昂貴。且由於目前的政策並不在於促進，將現有能源在環境與安全上的外部成本納入考量，氫在能源市場上的競爭力也很難提升。

圖 1.5　外觀像冰箱的燃料電池單元

圖 1.6　將逐漸在都市普及的加氫站

加氫站

國際能源總署（International Energy Agency, IEA）在其《2019 世界能源展望》（2019 World Energy Outlook）報告當中發表的碳排趨勢圖（圖 1.7）顯示，能在減碳上做出最大貢獻的，是能源效率提升，其次是再生能源。

報告當中所提永續發展情境，到了 2040 年，全球電力結構中再生能源占比，將從今天的 26% 提升到 67%，其中風力占 21%、光電占 19%。而帶動全球發展的能源，將會是分散型再生能源，而不再是如今的集中型大型電廠。

圖 1.8 位於美國波特蘭（Portland）的全美最大書局 Powell 的顧客多半步行或騎車來逛書店，而手機在此似乎並不盛行。

如何乾淨、安全、且可持續的提供能源服務給人們，會一直是人類共同面對的挑戰。而我們的確有理由樂觀的認為，藉著結合能源使用效率與再生能源的潛在優點，將可望達成此一目標。例如目前市面上最有效率的電冰箱所耗能源，相較於 1992 年的，大約少三分之二。目前已有許多住家和辦公建築，比起過去傳統的，不僅更舒適、更便宜，且在大部分氣候條件下，幾乎不需額外提供冷、暖氣。

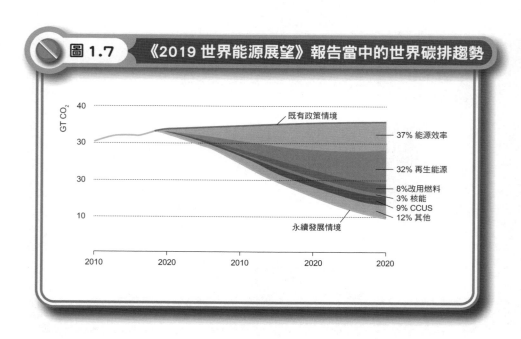

圖 1.7　《2019 世界能源展望》報告當中的世界碳排趨勢

若能將能源使用效率最佳化，則能源的需求與成本都可望有效壓低。省下的成本，則可投資在用以加速引進目前還嫌太貴，但長遠卻更能永續供應的再生能源上。當能源使用效率與再生能源充分整合，便可為減輕能源進口需求、增進能源供給安全性、創造在地就業機會與收入、以及提升生活水準與減輕貧窮，創造有利條件。

圖 1.8　全美最大書局

筆　記　欄

第 2 章

能源的儲存與傳遞

章節體系架構 ▼

目前的能源網絡系統主要僅在於配送能源，對於過剩能源的儲存則極缺乏彈性，只能任其輕易流逝。而電能儲存，往往也因此成為風與太陽能發電等再生能源推展的一大障礙。由於風與太陽能源都有不測的特性，趁其產生能量時善加儲存，便成為改變這類能源成為可靠能源的一大關鍵。

Unit 2-1
能源儲存概念

　　將能源從一點移到另一點，或是將能源配送到使用處，皆與是否能最有效且明智的使用能源，息息相關。

冷卻、加熱及電力

　　圖 2.1 所示微渦輪機（microturbine），為附設於高速發電機上的小型引擎。其可以天然氣或生物燃料（biofuel）驅動，在功能上可同時供應電和熱。若能將冷卻、加熱及電力（cooling, heating, power, CHP）整合在一起，就能明顯有效率許多。

　　CHP 技術能從單一能源當中，同時產生電與熱能。這類系統將一般發電機當中會浪費掉的熱回收，再用它來產生蒸汽、熱水、暖氣及溼度調節或冷卻，這些當中的至少一樣。而藉著利用 CHP 系統，本來得以用來在另一分開的單位，產生熱或蒸汽的燃料和相關成本，也就省下來了。

圖 2.1　附設於高速發電機上的微渦輪機

如圖 2.2 所示，在傳統從燃料產生電的過程當中，大部分能量都流失掉了。藉著回收並再利用這些廢熱（或應稱為餘熱），CHP 系統的效率可達到 60% 至 80%。這些額外「省」下來的高效率還有許多其它好處，包括減少了氮氧化物、硫氧化物、汞等重金屬、懸浮微粒及二氧化碳等大氣排放。

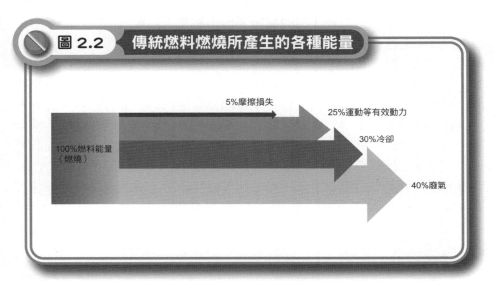

圖 2.2　傳統燃料燃燒所產生的各種能量

100%燃料能量（燃燒）
5%摩擦損失
25%運動等有效動力
30%冷卻
40%廢氣

近年來隨著技術上的提升，導致接連開發出，適用於各種產業等用途上的，一系列有效率而且多元的系統。如今，能量儲存技術還包括：

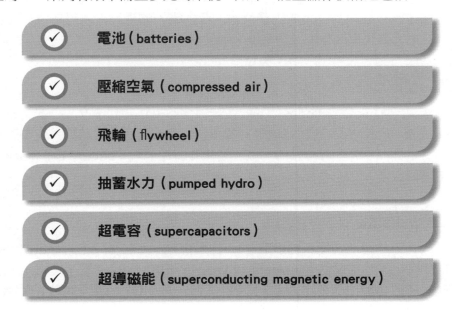

- ✓ 電池（batteries）
- ✓ 壓縮空氣（compressed air）
- ✓ 飛輪（flywheel）
- ✓ 抽蓄水力（pumped hydro）
- ✓ 超電容（supercapacitors）
- ✓ 超導磁能（superconducting magnetic energy）

Unit **2-2**
電能的儲存

　　在實際狀況下，我們對於電的需求，很少是在一段時間內，都一直維持不變的。而在電力需求小的期間所多出來的電，其實可以存到能源儲存裝置裡頭。這些儲存的能量，可以留著等到需求高的期間再提供出來，減輕這段期間整體電力系統的負荷。

　　電能儲存系統可藉著降低尖峰期間（peak hour）的需求，以改進電力系統的效率與可靠性，同時也更有機會能充分利用再生能源技術。許多再生能源，例如風和太陽，皆屬間歇性，所以它們也就無法隨要隨送。儲存再生能源，可以讓供給更為貼近需求。例如，與風機搭配在一起的儲能系統，可隨時在起風時，將擷取到的能源儲存起來，再賣到價格較好的能源市場上。至於太陽能發電系統，更可利用儲存系統，使其無論白天或黑夜都有電可用。

014

鉛酸電池

　　鉛酸電池（圖 2.3），是最常見的一種電池類型。除了用於汽、機車上，發電廠和用電戶往往也都以其作為緊急備用電力來源。

　　傳統的鉛酸電池，都以平板鉛及氧化鉛浸在含 35% 硫酸和 65% 水的溶液中。此溶液即為能造成化學反應，產生電子的電解液。另外也可用各種其它的元素，來改變板子的密度、硬度及孔隙率。

流電池

　　流電池（flow batteries）通常涉及釩（vanadium, V）、鋅（zinc, Zn）或鐵（iron, Fe）的相關化學。其作動原理和鉛酸電池類似，只不過其電解質是儲存在外部容器當中，電流視需要在電池堆（battery cell stack）當中循環流通。

先進電池

　　較先進的電池技術包括鋰離子、鋰聚合物、鎳氫及硫化鈉等類型。圖2.4 所示，是用在電動車（electrical vehicle, EV）上的鋰電池模組，比起同樣容量的鉛酸電池要小許多。但因其目前一般用於大規模供電還太貴，

圖 **2.3**　鉛酸電池構造

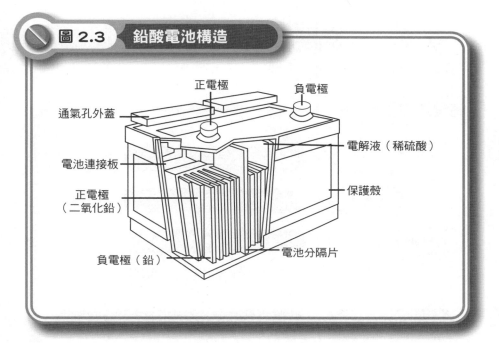

通氣孔外蓋

正電極

負電極

電解液（稀硫酸）

電池連接板

正電極
（二氧化鉛）

保護殼

負電極（鉛）

電池分隔片

圖 **2.4**　油電混合車上的鋰電池模組

所以大都只作為品質較佳電力及備用電力。

鋰電池還有以下弱點亟待克服：

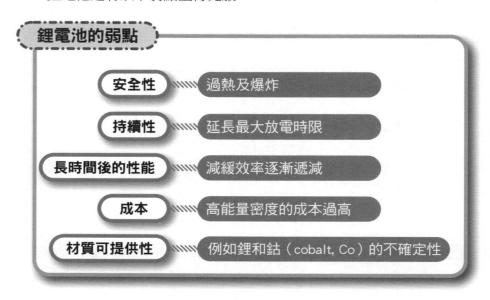

鋰電池的弱點

安全性	過熱及爆炸
持續性	延長最大放電時限
長時間後的性能	減緩效率逐漸遞減
成本	高能量密度的成本過高
材質可提供性	例如鋰和鈷（cobalt, Co）的不確定性

目前鋰離子的能源密度及安全性正持續進步當中，而成本也持續下降。未來電動車的發展，可能是決定鋰電池前景的重要因素。

幾年前，美國麻省理工學院（MIT）的研究團隊，研發出一種鋰空氣電池（Lithium-air batteries），比傳統鋰電池更輕，且能提供更大電力。只不過這類金屬空氣電池也有其不足之處，就是當它們不用時，會因為金屬電極腐蝕，而快速降衰。鋰空氣電池存放一個月，可流失 80% 的充電量。

針對這個問題，MIT 團隊最近找出減輕此腐蝕的方法，讓電池在架上的壽命延長。一般鋰電池存放一個月後大約會損失 5% 的充電量。他們針對克服腐蝕問題的設計，採用的是在鋁電極與電解質之間，引進一層油作為阻隔。每次使用電池時，先將此油排掉，緊接著由電解質取代。如此每個月的電能損失，可減到只有 0.02 %，等於改進了千倍以上。

筆 記 欄

Unit **2-3**
其他能源儲存技術（1）

除了儲電，以下儲能技術也前景可期。

壓縮空氣

壓縮空氣能量儲存，實際上為一儲存能量與發電的混合式（storage/power hybrid）系統。其使用離峰電力來驅動一馬達／發電機，以驅動壓縮機，將壓縮空氣充入地下儲槽，像是岩洞或廢棄礦坑當中。一旦到了用電尖峰，該過程即可進行逆轉。

飛　輪

飛輪指的是一個高速迴轉的轉盤，能將動能儲存起來。飛輪可以和一個用來加速飛輪，以儲存能量的電動馬達，和一個用來從儲存在飛輪當中的能量，發出電的一部發電機的裝置相結合。飛輪轉的愈快，所保留下的能量就愈多。而藉著減慢飛輪，即可擷取其中能量。

當今飛輪使用以碳纖維作成的複合轉子（composite rotor）。該轉子具有很高的強度與密度比值，並可在一真空室（vacuum chamber）當中迴轉，以將空氣動力損失減至最小。而若能進一步使用超導電磁軸承，更可近乎完全免除摩擦損失。

抽蓄水力

抽蓄水力設施利用離峰電力（off-peak power），將水從低位水庫泵送到高位水庫。當水從高位水庫釋出，即可推動水輪機發電。如此一來，離峰電能可以重力形式，長久儲存在高位水庫當中。而兩個高低水庫並用，即可長期儲存大量電能。

抽蓄水力能可緩和波動的電力需求，維持在基本負載的發電量之下。而此亦可作為意外跳電情況下的緊急供電。

超電容

超電容屬電化學儲存裝置，有如超大號的普通電容器。其又名為過電

容（ultracapacitors） 或是電化學雙層電容器（electrochemical double-layer capacitors）。有別於電池的是，超電容是以一靜電力場（electrostatic field），而非化學形態儲存能量。

電池在內部化學反應過程當中充電，而當該化學反應逆向進行時，原來吸收的能量隨之釋出而放電。相反的，超電容在充電時並無化學反應，卻可讓電子集中或充斥在材料表面，而將能量儲存起來。

超電容的壽命比電池的長很多。一般電池可承受大約 2000 ～ 3000 次充放電循環，超電容則可達百萬次以上。這表示，超電容可幫忙省下龐大的材料和成本。而且超電容比較安全許多，不像電池會爆炸，毒性也相當低，不含有害化學成分或重金屬。此外，超電容的運轉範圍比電池的要大得多，可在攝氏 40 至 65 度的範圍內運轉。

超電容充放電也比電池要快得多，通常只需幾秒鐘。針對需要在短時間內產生高能量的應用情形，長期而言超電容屬較為經濟的選項。然而，若是需要在一段時間內維持穩定且低電流的應用情形，電池卻是好得多的選項。

 小博士解說

RE 小方塊─壓縮空氣動力車
　　法國 MDI 於 2004 年 12 月發明了以壓縮空氣趨動的「空氣車」（air car），可以既安靜又零排放，最快以 110 公里時速，行駛達 200 公里。該車自 1994 年起即具備雛型，引擎為二行程，由相當於車胎壓力 150 倍的壓縮空氣趨動。在加氣站，它需要的充氣時間大約三、四分鐘。

Unit 2-4
其他能源儲存技術（2）

圖解再生能源

超導磁能

超導磁能儲存（superconducting magnetic energy storage, SMES）系統，將能量儲存在藉由直流電流流通大超導材質線圈，超冷卻（super cooled）所產生的磁場當中。在低溫超導材料當中，電流幾乎不會遇到任何阻力，而大大提升了儲存容量。

地下熱能儲存

最常用的地下熱能儲存技術，用的便是地下水層熱能儲存（aquifer thermal energy storage）。這技術利用天然地層（例如砂、砂岩或石灰岩層），作為暫時儲存熱或冷的儲存介質（如圖 2.5 所示）。在這當中，熱能的傳遞，是藉著將地層當中的地下水抽出，再將它在溫度改變之後，注回到鄰近地層當中。

020

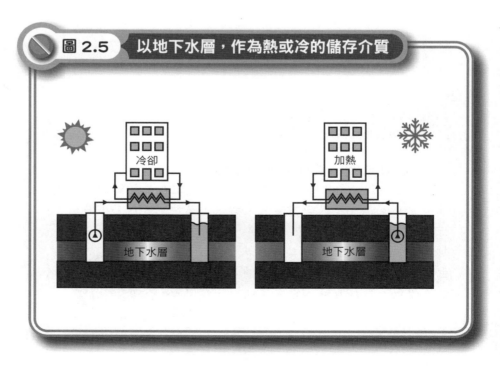

圖 2.5　以地下水層，作為熱或冷的儲存介質

相變化儲能

　　顯熱熱能儲存（sensible heat energy storage）雖然有相當便宜的好處，但其能量密度低，而且會隨溫度而釋出能量。為能克服這些缺點，相變化材料（phase-change material, PCM）便可用來儲存熱能。相的變化過程可以是熔化或是蒸發。圖 2.6 所示為用以儲存能量，在儲存櫃內的塑膠膠囊和 PCM。

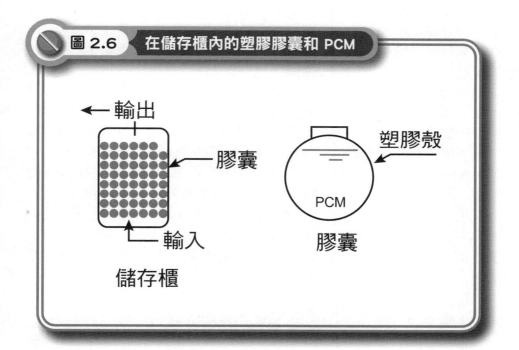

圖 2.6　在儲存櫃內的塑膠膠囊和 PCM

熱水櫃

　　最為人知的熱能儲存技術首推熱水櫃了。用熱水櫃來節約能源的實例有，像是太陽能熱水系統，及用在共生系統（cogeneration system）上的能量供應系統。用在供水系統上的電熱熱水櫃，在於壓平尖峰用電，進而改進供電效率。

Unit **2-5**
先進電能系統

儲電需求

　　電能儲存得以讓發電和電力需求脫鉤。而正因電力需求會隨每小時、每天和每個季節變動，這點對於電力業者而言，尤其重要。此外，發電，特別是源自於再生能源，也同樣會有短期（超過幾秒）和長期（例如每小時、每天和每季）相當大的變化。因此，在電力網絡當中融入如圖 **2.7** 所示的電能儲存系統，可帶來廣泛的益處。

　　同時，發電對於環境的衝擊，本來就受到老舊而低效率電廠的運轉很大的影響。尤其當其目的，是在於壓平尖峰用電時。將電網與儲存系統作適當的整合，可減少這類電廠的需求。最後，社會前所未有對於可靠且潔淨，適用於更廣泛用途供電的依賴，也對供電品質造成前所未有的嚴格要求。電能儲存系統對於朝向滿足客戶這方面的需求，正可作出很有價值的貢獻。圖 **2.8** 所示即為一部具機動性，用來改進電力品質系統的拖車。

　　圖 **2.9** 當中所示，為一套大型電池儲存系統，當中的一部分。這套系統可讓從陽光與風擷取來的能源，暫時儲存在電池系統中，接著將它支配與控制。而這套系統也可用以平抑因為天氣狀況改變，所帶來的發電量變動。

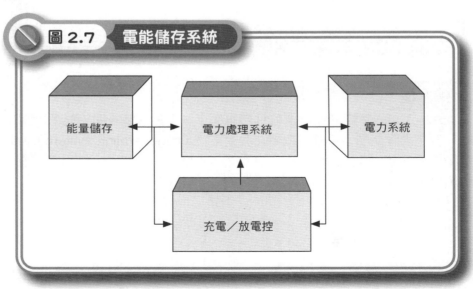

圖 **2.7** 　電能儲存系統

能量儲存　　　電力處理系統　　　電力系統

充電／放電控

圖 2.8 用來改進電力品質系統的拖車

圖 2.9 大型電池儲存系統

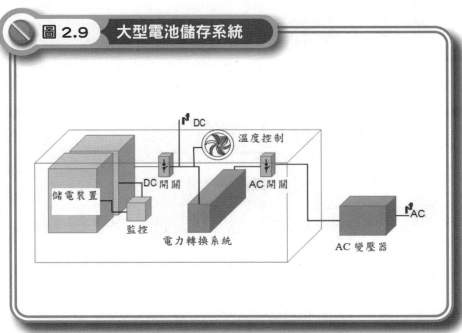

Unit 2-6
智慧型電網

圖解再生能源

　　為因應未來的電網需求，許多國家都陸續提出了如圖 2.10 所示的智慧型電網（smart grid）架構。這主要在於因應分散型能源大量加入，使得未來的電力型態將異於傳統。其有以下特點：

智慧型電網特點

1 透過數位科技將電送達消費者家中，藉以節能、降低成本，並提高可靠度與透明度。

2 有助於能源獨立及應付緊急狀況等問題。

3 智慧型電網的構想是，先將其插入插座，再將家電插在其上。如此該裝置可將家中電器用電的時間與用電量，隨時報告給電力公司。

4 電力公司可將在尖峰時段多收的費用收益，用來優惠離峰時段的用電。

5 在剛實施的一段時間，一般電費帳單會上漲，強迫消費者盡可能在尖峰時段減少用電，以減輕電費。

6 接著再透過一些方法，使消費者讓電力公司清楚知道正在用電的每一樣東西。如此可在有需要時，選擇性的關掉家中某些電器，卻不致於需要全部斷電。

7 如此一來，當然也會引起一些隱私的問題。

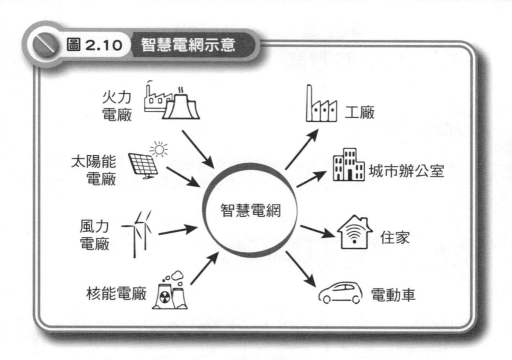

圖2.10 智慧電網示意

火力電廠
太陽能電廠
風力電廠
核能電廠

智慧電網

工廠
城市辦公室
住家
電動車

　　透過最佳化,其能夠從既有系統當中產生更多電力,降低浪費的流通電流,而能讓較低成本發電來源的配送最大化。地方電力輸配與地區間能源流通經過和諧搭配,可使電網資源更有效利用,並避免電網負荷過大,能源儲存需求也可免除。

　　除此之外,由於所有電力來源都可相連,而可以讓消費者選擇一般來源或再生能源。總之,目前消費者若想知道他正用多少電還很困難,而快速發展中的智慧型電網裝置,可讓消費者隨時監測用電情形,而得以立即反應,盡量用得少一點,減少電費開支。更重要的是,其可以明確指出尖峰與離峰用電時刻,讓消費者選擇合適的用電時段,且在發電端也得以在不同時段,選擇合適能源密度的發電系統。

Unit **2-7**
分散型電能

分散能源技術

　　如圖 2.11 所示的分散能源（distributed energy, DE）技術涉及各種小型可結合負載管理與能源儲存系統，以改進供電品質與可靠性的發電模組技術。

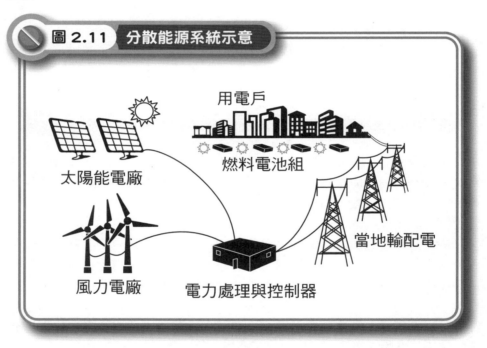

圖 2.11　分散能源系統示意

用電戶

燃料電池組

太陽能電廠

當地輸配電

風力電廠　　電力處理與控制器

　　分散能源技術，在一個國家的能源組合（energy portfolio）當中，愈來愈重要。我們可利用它來滿足基本負載電力（base load power）、尖峰電力（peak power）、備用電力（backup power）、偏遠電力（remote power）、電力品質，以及冷卻與加熱需求。

　　分散型發電機一般都位於靠近用電負載的位址。而這正是它勝過大規模、資本密集、集中型發電廠的最大優勢。同時，分散型發電還可避免電力輸配損失，並提供用戶多一種選擇。許多分散型電力系統，由於已能做到低噪音、低排放，而得以設置在用電的建築內部或緊鄰位址。

　　分散型電力系統，可供應愈來愈多公司和消費者可靠且高品質的電力

需求，以帶動運轉極為敏感的數位設備。同時，其還可在尖峰的高電價期間，提供有彈性且又不那麼貴的電力來源。

分散能源涉及一系列各種不同的技術，包括風機、太陽能、燃料電池等。總的來說，使用分散能源技術可帶來較高的效率及較低的能源成本，同時還有舒緩傳輸線路擁塞、減輕電價波動的衝擊、強化電力安全性，以及對電網提供較大穩定性的潛在作用。相較於傳統的集中發電廠，分散發電機較小，而能提供集中發電所無法提供的獨特效益。

分散電能對環境的影響

使用分散電能可減輕在集中大型發電廠的發電量，而其可減輕集中發電對環境的衝擊。這主要在於：

- 既有符合成本有效的分散發電技術，可用於在家裡從風和太陽等再生能源發電。
- 分散發電可透過，像是熱電共生系統，擷取原本會浪費掉的能源。
- 分散發電可藉著採用當地能源，減少或省掉，在輸配電系統的送電過程中的線上能源損失。

然而，分散發電也可導致一些環境上的負面影響：

- 分散發電系統需要用到空間，而且由於其靠近最終用電戶，有些分散發電系統，可能會有礙眼和土地利用的顧慮。
- 一些涉及燃燒的分散發電技術，尤其是燃燒化石燃料，同樣會帶來跟大型火力發電廠類似的衝擊。這些衝擊或許規模較小，但卻可能是較近的汙染源。
- 有些分散發電技術，像是廢棄物焚化、生物質量燃燒、及熱電共生會需要用到產氣或冷卻所需要的水。
- 採用燃燒的分散發電系統，可能因為規模效率，而使其效率不及集中發電的。
- 分散能源技術在最終需要被替換或汰除時，可造成一些負面的環境議題。
- 分散發電可藉著採用當地能源，減少或省掉，在輸配電系統的送電過程中的線上能源損失。

筆　記　欄

第 **3** 章

太陽能

.... 章節體系架構 ▼

隨著技術突破和成本壓低,太陽能在世界整體和許多國家的成長速度,都遠超過預期。其中太陽熱能應用容量,已攀升至各種再生能源的第二位,僅次於風能。

Unit **3-1**
太陽擁有的能量

太陽由內部核心的氫，和外層的氦雙層氣體組成。幾百萬年以來，核心氫氣不斷燃燒產生氦氣外層。在這過程當中，便不斷產生能量，圖3.1所示為太陽核融合的過程。太陽能從太陽往外輻射到太空，其中一部分到達地球。此能量的移動稱為太陽輻射（solar radiation）。從太陽輻射出來的能量，以比原子還小，稱為光子（photons）的濃縮粒子釋出。當這些一堆堆的能量移動時，就如同不可見的波（waves）一般。圖3.2 所示，為太陽光波長與輻射能量之間的關係。

圖3.3 所示，為分布於全球各地的平均太陽能量。其在地球上儲存與流通的能量，遠超過人類所需要的。

太陽算得上是地球上所有能源的根源。它供給最根本的系統和循環所需要的動力，進而形成了圍繞在我們周遭的整個世界。例如蘊藏於海洋當中的洋流能和波浪能等都可追溯到太陽。但一般談到太陽能，我們指的是直接擷取太陽的光能或熱能，用來提供熱水、暖氣、冷氣、建築照明，或是轉換成像是電的型式。

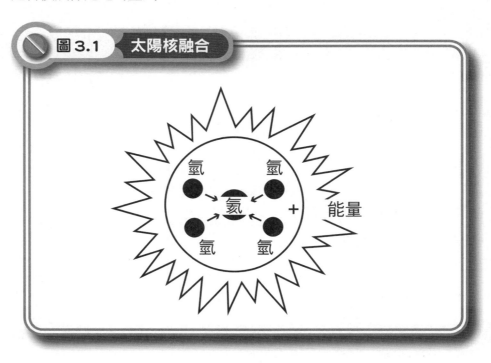

圖**3.1**　太陽核融合

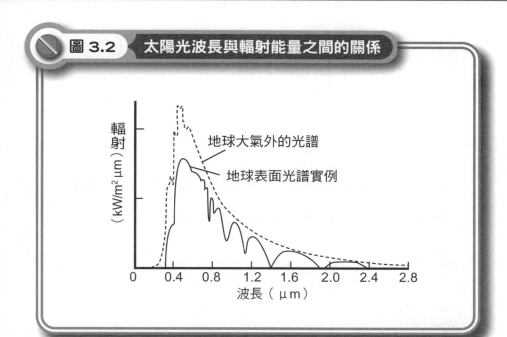

圖 3.2　太陽光波長與輻射能量之間的關係

輻射（kW/m² μm）

地球大氣外的光譜

地球表面光譜實例

波長（μm）

圖 3.3　分布於全球各地的平均太陽能量

直接日射

0　40　80　120　160　200　240　280　320　360　400　w/m²

水平輻射

Unit **3-2**
太陽能技術分類

目前太陽能的應用範圍很廣，但大致不外二種形態：

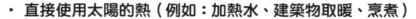

- 直接使用太陽的熱（例如：加熱水、建築物取暖、烹煮）
- 利用太陽發電（例如：太陽能電池、熱機）

我們首先針對直接或間接及主動或被動，分別討論。

直接或間接

一般而言，直接太陽能僅涉及一道太陽光轉換。產生出可用的能量形式包括：

直接太陽能僅涉及一道太陽光轉換時

- 日光撞擊太陽能電池產生電。

- 日光使產生某熱量取暖。

- 日光打在太空船的太陽帆（solar sail）上，直接轉換成施於帆上的力道，使太空船移動。

- 太陽打在光葉輪（light mill）上，造成葉輪旋轉，產生機械能（這類應用極少）。

- 在太陽能熱水器當中，水在太陽收集器當中加熱，用於生活供水系統。

間接太陽能涉及數道太陽光轉換，才產生出可用的能量，包括：

間接太陽能涉及數道太陽光轉換時

- 植物透過光合作用將太陽能轉換成化學能。所產生的生物質量（biomass）可直接燃燒產生熱或電。

- 水力發電水壩及風機，是太陽能與地球大氣起作用，導致天氣現象而作動的。

- 海洋熱能發電（ocean thermal energy production），利用海洋深度當中的熱梯度（thermal gradients）發電。而此溫度差實由陽光所造成。

- 化石燃料終究是來自地質年代之前，植物從太陽所獲取的能量。

- 在一間接太陽能熱水器當中，在太陽收集器當中的流體經加熱後，將擷取的熱透過熱交換器傳到另一分開的日常供水系統。

Unit **3-3**
被動利用太陽能（1）

今天我們可以透過許多不同的設計技巧（即被動太陽能，passive solar），以及技術（即主動太陽能，active solar）擷取太陽的能量。

被動太陽取暖

被動太陽能和日光的建築設計，通常都會用上像是朝南的大型窗戶，以及能先吸收太陽的熱，接著緩慢釋放出來的建材。這類建材可充分用在牆壁和地板上，讓它們在白天充分吸熱，到了晚上則緩慢放出熱，這種過程稱作直接獲取。

許多人會在整修自家屋子時加裝一間朝南的採光室（sunroom），以充分利用陽光的熱與光。而採光室同時也可用來幫忙為屋裡其它部分通風。位於採光室低處的通風管，可將起居室裡的熱空氣引進，然後從採光室頂部的上通風管排出屋外。

在寒帶地區，理想的設計會以朝南的窗戶讓太陽熱進到屋裡，同時藉由隔熱來防寒。最簡單的被動設計，便是在冬季裡，白天讓陽光直接照到屋裡，幫建築物加熱。這太陽的熱，可儲存在水泥、石板等材料當中，接著到了晚上再緩慢釋出熱。

如圖 3.4 所示的 Trombe 牆，是一被動太陽加熱及通風系統，包括一個夾在一片窗戶和面向太陽的牆壁之間的一道空氣通道。太陽在白天加熱這道空氣，讓它通過通氣管在牆壁的頂部和底部之間形成自然循環，同時將熱儲存在其中。到了晚上，這片 Trombe 牆便將儲存的輻射熱釋放出來。

被動太陽冷卻

許多被動太陽能設計都包括了用來冷卻的自然通風。這靠的是安裝一些可調節的窗戶，再加上位於房子向風側，稱為翼牆（wing walls）的與牆垂直的面板，如此可加速自然微風在屋裡流通。另一種如圖 3.5 所示的被動太陽冷卻裝置是熱煙囪（thermal chimney）。顧名思義，其狀如煙囪，用來將屋內的熱空氣經由此通道，藉著自然流通從屋頂排出屋外。

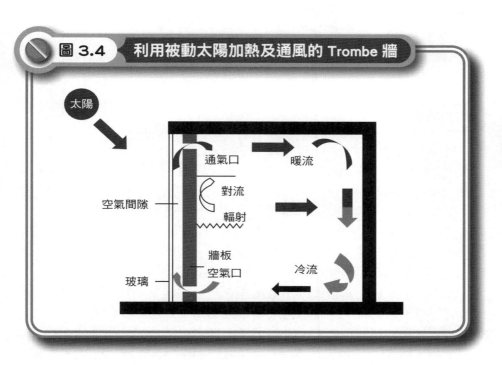

圖 3.4　利用被動太陽加熱及通風的 Trombe 牆

太陽

通氣口　暖流

對流

空氣間隙

輻射

牆板

空氣口

玻璃

冷流

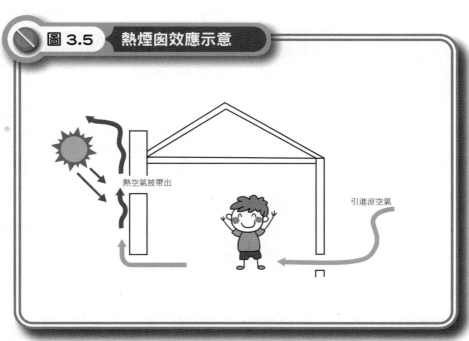

圖 3.5　熱煙囪效應示意

熱空氣被帶出

引進涼空氣

Unit **3-4**
被動利用太陽能（2）

日光照明

日照採光不外利用自然太陽光照亮室內。除了南向窗戶及天窗（skylights），如圖 3.6 所示，位於接近屋頂尖端的一系列明樓聯窗（clerestory windows），可幫忙將光線引進北向房間及屋子上層，且可收冬暖夏涼之效。而開放式的「隔間」，更有機會讓光線照透整間屋子。至於工、商業建築，若能充分利用日光，則不僅可省下不少電費，並可提供優質光線，進而促進生產量與人員健康。從一些研究結果可看出，在學校充分利用日光，甚至可改進學生的成績與出席情形。

日照採光不只可直接節約用在照明系統上的能源，其同時還可減少冷卻負荷的需求。同時，儘管量化不易，但相較於人為造成的光線，自然光線對於生理和心理狀況都有其助益。其他提供日照功能的方法還包括，建築的座向、開窗方向、外部遮陰、鋸齒狀屋頂（sawtooth roofs）、光柵（light shelves）、天窗及採光管（light tubes）等。混合日照（hybrid solar

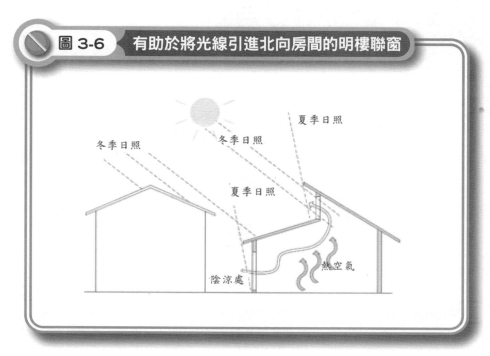

圖 3-6　有助於將光線引進北向房間的明樓聯窗

夏季日照

冬季日照

冬季日照

夏季日照

熱空氣

陰涼處

lighting, HSL）指的是利用能追蹤太陽的聚焦鏡子，來捕捉陽光的日照系統。建築界已逐漸認清，日照採光是永續設計（sustainable design）上的一項關鍵。

太陽能鍋

在開發中國家，被動太陽能的熱往往是擷取來煮飯的。如圖 3.7 所示的太陽能鍋（solar cookers），幾乎可煮任何一般爐子能煮的食物。其基本構造是一個隔熱的盒子，上方加一個玻璃蓋子，太陽光經過集中後照到盒子裡，留在盒子裡的熱就因此加熱要烹煮的食物。

這類盒子過去用在烹煮、低溫殺菌（pasteurization）及水果裝罐（canning）等方面一直都相當成功。太陽烹煮，對許多開發中國家而言，不僅減輕了當地薪火的需求，同時也可保持生活中健康的呼吸環境，助益相當大。

圖 3.7　太陽能鍋可用來取代生火煮飯

Unit **3-5**
太陽能技術分類

主動太陽加熱技術（active solar heating）可為一棟建築取暖、加熱水，或甚至生產工業製程所需要用到的蒸汽。圖 3.8 所示為太陽加熱系統，圖 3.9 所示為太陽收集器鏡子。這類收集器看起來都相當簡單，通常只用在提供住家或游泳池的熱水。

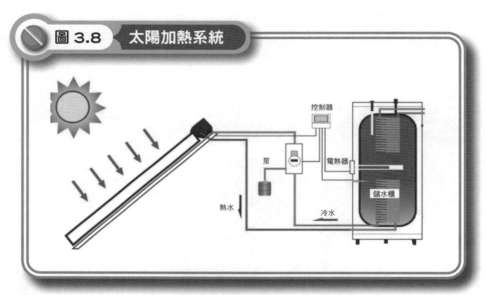

圖 3.8　太陽加熱系統

控制器
泵
電熱器
儲水櫃
熱水
冷水

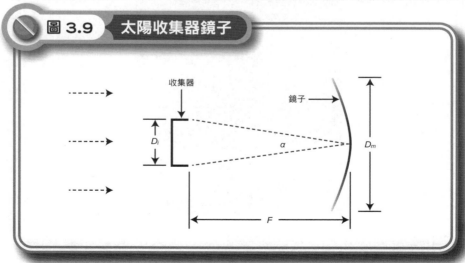

圖 3.9　太陽收集器鏡子

收集器
鏡子
D_i
α
D_m
F

最近有朝向同時供應熱水和暖氣的，較大型複合系統的趨勢。圖 3.10 所示，為在台灣一般安裝在公寓頂樓的虹吸式太陽能熱水器。

圖 3.10　一般裝在頂樓的太陽熱水器

太陽熱能收集器

①　平板收集器

　　如前面所介紹的，最普通的太陽能熱水系統收集器便是平板收集器，通常安裝在屋頂。當熱逐漸在收集器內建立起來，小管內流體隨之受熱，再以管子送進儲水櫃加熱其中的水。

②　真空管收集器

　　另一種能更有效擷取太陽能的收集器為真空管收集器（evacuated tube collectors），包含成排的平行玻璃管，各管內都有一覆蓋了特殊塗料的收集器。日光進入了玻璃管，透過吸收器加熱其中的流體。由於這些收集器在製造過程當中將玻璃管之間都維持一定的真空，而有助於加熱到極高的溫度（77℃ 至 177℃），而適用於工商業等大規模用途。

③　聚集收集器

　　聚集型收集器（concentrating collector）為一拋物線槽型反射器，能將陽光集中到一個吸收器或接收器上以，供應熱水或蒸汽。這通常應用於工商業用途。

④　蒸散型太陽收集器

　　蒸散型太陽收集器（transpired solar collector）是一種由穿孔的向陽（朝南）、覆蓋著一片深色金屬牆壁（如圖 3.11、3.12 所示）組成的主動太陽取暖和通風系統。該牆可作為一個太陽熱收集器，將吸入建築通風系統的外部空氣預先加熱，接著透過收集器上的開孔將此熱空氣吸入建築內部。實例包括：工商建築通風系統的空氣預熱，以及農業上的穀物乾燥等。

圖 3.11　蒸散收集器原理示意

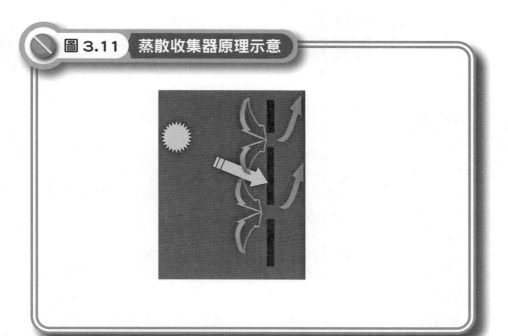

041

圖 3.12　以蒸散收集器為牆面的大樓實體照片

Unit **3-6**
太陽能發電（1）

太陽熱機

太陽熱機（solar thermal engine）是上述主動太陽能加熱的升級版。其利用較為複雜的太陽收集器來產生高溫，足以產生用來驅動渦輪機的蒸汽，進而發電。這類機器樣式很多，只不過全世界 90% 從太陽熱所發的電，都源自於位於美國加州 Mojave 沙漠的唯一電廠。

聚集式太陽能

2018 年聚集式太陽能容量增加了 600 MW of CSP，比 2017 年的多出五倍，中國大陸和摩洛哥居冠，分別成長了 200 MW。 預計到 2025 年，全球年度容量成長將達 2 GW，接下來，在 2030 年之前年增將達 8 GW。

太陽熱能可透過熱交換器及一部熱機來發電，或是應用在其它工業製程當中。太陽能聚集收集器（concentrating solar power, CSP）技術，為利用鏡子等反射材料，來將太陽能集中。此經過集中的熱能也可接著轉換成電的技術

缽型收集器

CSP 轉換成的熱，足以用來將水轉換成蒸汽（一如火力和核能電廠）以驅動蒸汽機。CSP 可能是拋物面缽型收集器（trough collectors）或電力塔（power tower）。拋物面缽型系統利用曲面鏡子，將陽光聚焦在裝滿油或其它流體的吸收管（absorber tube）上。其整個加熱單元，可如同一部太陽追蹤器（sun tractor）一般作動。該熱油或其它媒介流體將水煮沸產生蒸汽，再以此蒸汽「吹」動蒸汽渦輪機（steam turbine），進而帶動發電機發電。自 1985 以來，位於美國加州 Mojave 沙漠的九座發電廠，即以此稱為太陽發電系統（solar electric generating systems, SEGS）的拋物面缽型收集器（圖 3.13），進行全面商業運轉。

圖 3.13 與史德林引擎結合的集中收集器

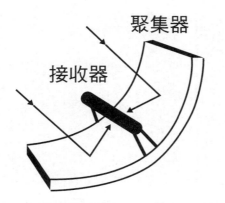

聚集器

接收器

Unit **3-7**
太陽能發電（2）

電力塔

　　圖 3.14 所示，為位於西班牙的聚集式太陽能電力塔。電力塔系統是利用一大片，稱為向日鏡（heliostats）的太陽追蹤鏡（suntracking mirrors），將陽光聚集照到的動力塔的頂部，加熱其中接收器內的流體。美國早期的一座示範電場，太陽一號（Solar One）所用流體為水，經加熱所產生的蒸汽用來驅動渦輪機來發電。該電場後來進一步改裝成的太陽二號（Solar Two），流體改用融鹽（molten salt）。其目的在將熱儲存在熱鹽當中，以備在需要時才用來煮水、產汽，進而驅動渦輪機發電。

太陽上抽塔

　　一個太陽上抽塔（solar updraft tower）也稱作太陽煙囪（solar chimney），為相對低技術層次的太陽熱電廠。於此，空氣流通過很大的農

圖3.14　西班牙聚集式太陽電塔

業玻璃屋（直徑 2 至 8 公里），被太陽加熱，接著引導向上來到一對流塔，接著又自然上升驅動發電的渦輪機。

能源塔

能源塔（energy tower）藉由將水噴向受太陽加熱的塔頂，水因蒸發而冷卻空氣，使其密度升高，造成下抽作用，而得以驅動塔底的風機。其需要的是乾熱氣候及大量的水（可能用海水）等條件，倒不需用到太陽上抽塔所需要的大型玻璃屋。

如圖 3.15 所示，成百上千的日光反射鏡，集中來自陽光的能量，增加到 1,500 倍，能產生 500 至 1,500℃的高溫，用來加熱水或融鹽，進而產生蒸汽。

如此技術可將太陽能儲存起來，而得以在需要時和在陰天或夜間缺乏日照時供電。其最適用於廣大的不毛之地。估計一座 100 MW 的電力塔，需要約 4 km² 土地，儲存 12 小時的能量，足以供應 50,000 家戶所需電力。

045

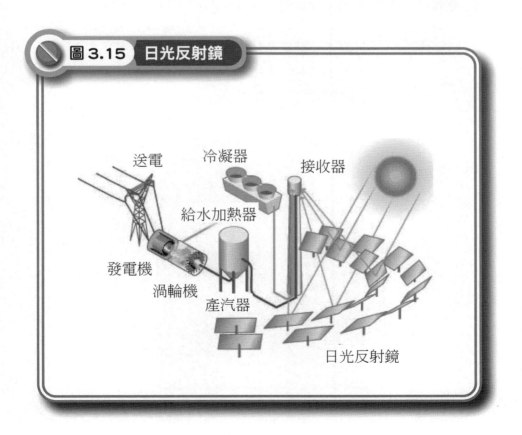

圖 3.15　日光反射鏡

送電
冷凝器
接收器
給水加熱器
發電機
渦輪機
產汽器
日光反射鏡

Unit 3-8
太陽能發電（3）

太陽能池塘

太陽能池塘（solar pond）為相對低科技、低成本的擷取太陽能措施，只不過是以一池水將太陽能收集並儲存。其原理是在一池塘內加入三層的水（如圖 3.16 所示）：

> **表層水**：低鹽含量。
>
> **中間隔熱層**：有一鹽份梯度，形成一密度梯度，藉著水裡的自然對流，而減少熱交換。
>
> **底層**：為一高鹽度層，能達到 90℃的溫度。

圖 3.16　太陽能池的三個水層

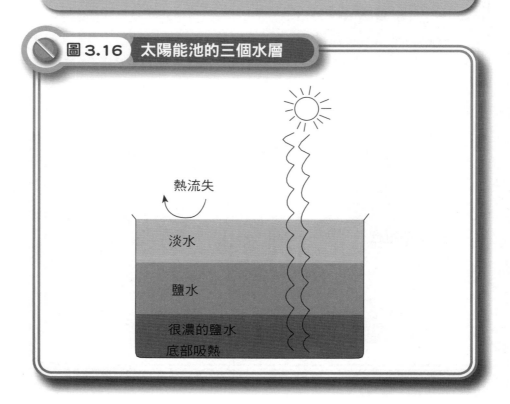

由於太陽能池內鹽含量不同，而有不同的密度，同時也可避免形成對流流動，否則會將熱傳到表面及其上方的空氣當中而散失。集中在高鹽份底層的熱，可用來作為建築物取暖、工業製程、發電或其它目的。圖 3.17 所示為位於加拿大維多利亞省的 Pyramid Hill 太陽能池。在圖上可看到池岸有許多管子伸到水池裡。淡水可在池底循環，讓池內鹽水加熱，漂浮在水面的塑膠圓圈，則是用來減輕風所造成的對流效果。

太陽化學

太陽化學（solar chemical）指的是藉著吸收陽光擷取太陽能，以驅動一吸熱性或光電化學的化學反應。迄今除了雛形，並未建立大規模系統。這是以傳統太陽熱收集器，驅動化學分解反應的一項措施。氨在高溫下，藉由催化劑分解為氮和氫永久儲存，接著再重新結合以釋出儲存的熱。

另一種方法是利用聚焦日光，提供分解水所需能量，並在有鋅等金屬催化劑存在的情形下，透過光電析（photoelectrolysis）成為氫和氧。在此領域當中，也有針對半導體及使用過度金屬化合物，特別是鈦、鈮（niobium）及鉭（tantalum）等氧化物的研究。最近的研究，主要著眼於能夠利用較低能量的可見光，同樣能讓水進行分解反應的材料的開發。

圖 3.17 加拿大維多利亞省的 Pyramid Hill 太陽能池

筆 記 欄

第 4 章

水力能

章節體系架構 ▼

雖然全世界水力發電大多源自於大型水力發電裝置，不過小型水電裝置在中國大陸等地區，也廣受歡迎。這主要在於其所需水庫與土木工程規模都小，相對於大水庫對環境的衝擊也小。

Unit **4-1**

水力發電

　　大多數水力發電源自於利用水壩攔阻的水的位能，在釋出時驅動渦輪機，並帶動發電機而產生。在此情況下，從水當中所能夠擷取得的能量，取決於水的量和水源與出口之間的水位差，或稱之為水頭（head）。水當中所具備位能的量即與此水頭成正比。

　　圖 4.1 所示為一部水力渦輪機和發電機的構造。圖 4.2 所示為其他類型的水輪機葉輪。如圖 4.3 所示，當蓄存在水庫當中的水自高位流下，經過渦輪機時，所釋出的能量當中的力隨即推動渦輪機葉片，帶動渦輪發電機軸與發電機的轉子，而得以發出電力。一座水力電廠當中的渦輪發電機所能產生的電力，可從以下簡單算式估算出：

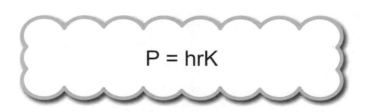

$$P = hrK$$

在式子當中

P 為產生的電力，以瓦（Watt）表示，

h 為高度亦即水頭，以米（m）表示，

r 為水的流率，以每秒立方米（m³/sec）表示，

K 為換算因數，為 7,500 瓦（假設效率因子為 76.5%）。

圖 4.1　水力渦輪機和發電機

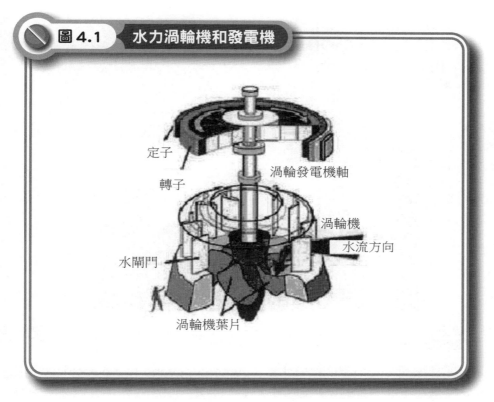

定子

轉子

渦輪發電機軸

渦輪機

水流方向

水閘門

渦輪機葉片

圖 4.2　各類型水力渦輪機的葉輪

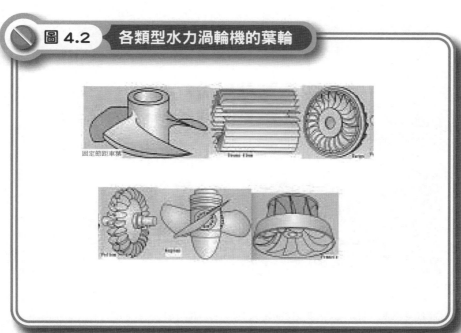

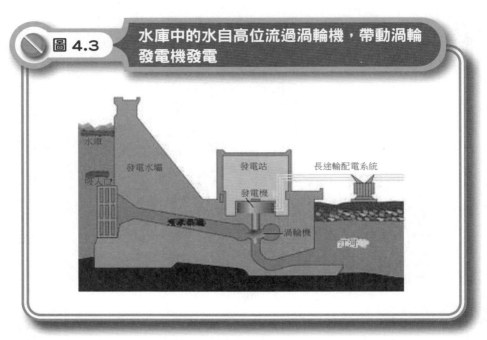

圖 4.3　水庫中的水自高位流過渦輪機，帶動渦輪發電機發電

　　至於如圖 4.4 所示的抽蓄水電（pumped storage hydroelectricity）則是藉著水在不同水位的水庫之間的移動來發電，供應用電尖峰期間所需電力。在電力需求較低期間（例如夜間，圖 4.4 左），過剩的發電容量可用來將水泵送到較高位置的水庫當中蓄存起來，到了電力需求較高時（例如白天，圖 4.4 右），再讓這些水流通過發電渦輪機回到低位水庫，轉換成電力供應出去。

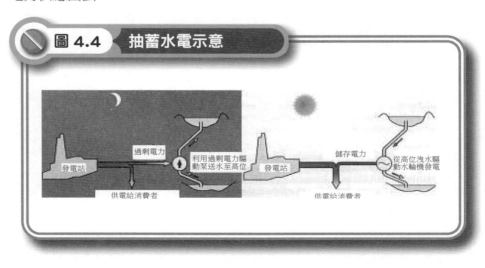

圖 4.4　抽蓄水電示意

筆　記　欄

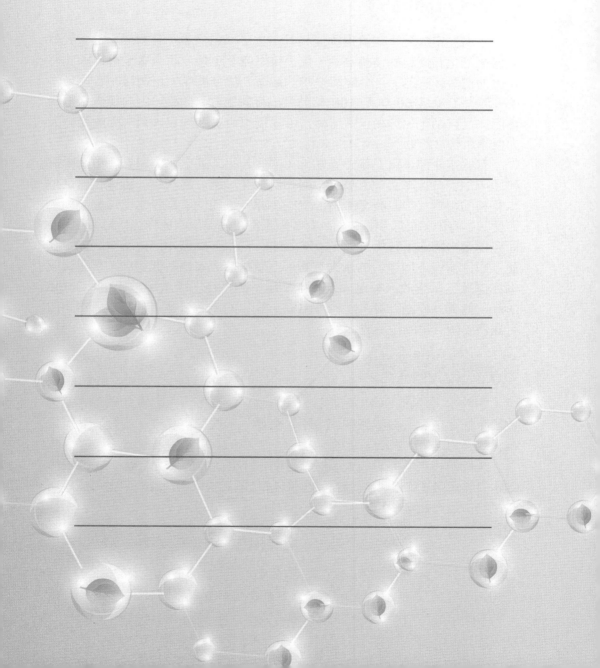

Unit **4-2**
水力發電的優勢

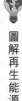
經濟上的優勢

　　水力發電的最大經濟優勢便是其省去了燃料成本，且對於石油、天然氣或煤等化石燃料的價格高漲，幾乎得以完全免疫。而水電也得以因此有比火力電廠較長的，符合經濟要求的壽命。當今世界上正運轉的水電廠當中，便有不少是 50 年至 100 年前就已經設置的。此外，由於現今水電廠都已完全自動化，其在正常運轉當中只需很少數的現場人員，因此運轉人力成本也相當的低。

　　有些水庫原本就具備多重功能，因此若另外加上水力電廠，電廠所需建造成本就會比單獨建立要低。而如此一來，還可為水庫的營運，提供相當有利的經費。水力發電廠所形成的水庫，也提供了良好水上運動場所，而使其本身附帶能吸引觀光客。有些國家常可看見以水庫作為水產養殖場。而多用途水壩除了養魚以外，另有灌溉、防洪、提供水路運輸等功能。在此多用途情況下所建造的水力電廠，不僅建造成本相對低得多，其運轉成本亦得以從其它收入補貼。以圖 4.5 所示的長江三峽大壩（Three Gorge Dam）為例，經過計算，大約不出 5 至 8 年的滿載營運，其售電所得，即可涵蓋整個計畫的建造成本。

無直接大氣排放

　　由於水力電廠不燒化石燃料，其也就不會直接產生二氧化碳等大氣排放。而就算在製造與建廠期間免不了會產生一些二氧化碳，相較於發電量相當的火力電廠，實微不足道。

　　美國紐約市為能達成大幅減碳目標，計畫從加拿大魁北克（Québec）的水力發電廠（如圖 4.6）輸送 1,000 MW 電力過來。預計此電力可滿足所有紐約市政府建築所需。

圖 4.5　三峽大壩

圖 4.6　美國大壩

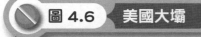

圖解再生能源

Unit 4-3
水力發電的爭議

生態

　　水力發電計畫對其周遭的水生態系會造成破壞。例如，針對沿著北美洲大西洋與太平洋海岸的研究顯示，由於阻撓鮭魚到達溪流上游產卵地的關係，鮭魚數量隨之減少，即便大多數在鮭魚棲息地附近的水壩都做了魚梯（fish ladders）。小鮭魚（salmon smolt）在游回海裡的途中，通過水力電廠的渦輪機時很容易受傷。因此有些地區在一年當中某些時期，需要將這些小鮭魚以人工方式「渡」到下游地區（如圖 4.7 所示）。目前針對較能適應水生物的水力電廠和渦輪機的設計正積極進行研究。另外築壩和變更水道，也都可能危及一些原生生物與候鳥。而像是埃及阿斯旺水壩（Aswan Dam）和三峽水壩等大規模水力發電水壩，對於江河上、下游生態，都造成了一些環保上的問題。

環境

　　水力發電對於河川下游環境會造成衝擊。流經渦輪機的水通常都含有微小懸浮顆粒，會對河床形成沖刷進而損及河岸。由於渦輪機通常是間歇性的運轉，因而不免造成河流流量的波動。水中溶氧量也可能從建造之前起，即受到改變。自渦輪機流出的水，一般比起水壩之前的水都要冷許多，以致會改變包括瀕臨絕種水生動物數量的改變。

溫室氣體

　　在熱帶地區的水力發電廠的水庫，可產生相當大量的甲烷和二氧化碳。這主要是因在滿水區（flooded areas）的一些植物在厭氧（anaerobic）環境下腐敗所致。

淹沒

　　設置水力發電水壩的另一缺點為，必須遷移位於水庫計畫區內的居民與文物。然而在很多情況下，所提供的補償金都不足以彌補當地居民祖先

所留下文化遺產的損失。此外，許多重要的歷史文物古蹟也都會被淹沒而告喪失。三峽大壩、紐西蘭的客來得水壩（Clyde Dam），和土耳其的伊離蘇水壩（Iisu Dam）都曾面臨這類爭議。

　　白帝城前臨長江瞿塘峽，是早年白帝山上的「白帝廟」。李白、杜甫、白居易、劉禹錫、蘇軾、黃庭堅等都曾登白帝，留下大量詩篇。像是李白的「朝辭白帝彩雲間，千里江陵一日還，兩岸猿聲啼不住，輕舟已過萬重山」。三峽工程後，水位上升，使白帝城變成四面環水（如圖 4.8 所示）。

圖 4.7　水壩旁的魚梯

圖 4.8　白帝城

Unit 4-4
世界水電現況與趨勢

　　自 2013 年以來，全球水力發電增幅持續下滑。但拜中國大陸與巴西大型計畫落實之賜，2018 年全球水力發電仍得以成長約 25 GW。

　　圖 4.9 所示，為國際水力發電協會（International Hydropower Association, IHA）所提供，截至 2018 年，世界各主要水力發電國家的水力發電量。2018 年全世界水力發電總裝置容量達 1,292 GW。表 4.1 當中依序所列，則為全世界最大的二十座水力發電站。

　　三峽大壩擁有世界上最大的瞬間發電容量（22,500 MW），巴西與巴拉圭交界的 Itaipu 大壩次之（14,000 MW）。儘管此二壩裝置容量差異如此大，其在 2012 年間所發的電能卻差不多，Itaipu 是 98.2 TWh 而三峽大壩則為 98.1 TWh。這是因為三峽大壩在那一年內有六個月枯水，不足以發電，而注入 Itaipu 大壩的 Parana River 則在一年四季當中都有相當平均的水量。當今有許多國家，依賴水力發電供應幾乎其所有用電。例如挪威和

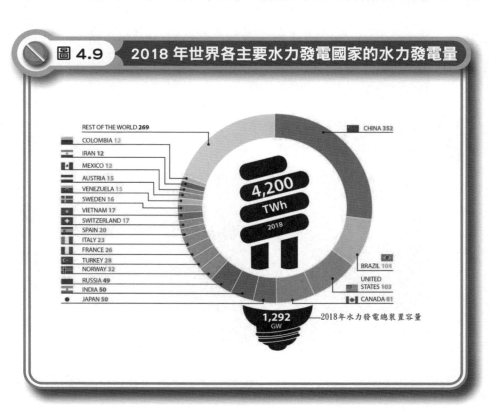

圖 4.9　2018 年世界各主要水力發電國家的水力發電量

表 4.1　全世界最大的水力發電站

排名	名稱	國家	河川	裝置容量（MW）
1	三峽大壩	中國	Yangtze	22,500
2	Itaipu Dam	巴西／巴拉圭	Paraná	14,000
3	Guri	委內瑞拉	Caroní	10,200
4	Tucuruí	巴西	Tocantins	8,370
5	Grand Coulee	美國	Columbia	6,809
6	Sayano Shushenskaya	俄羅斯	Yenisei	6,721
7	龍灘壩	中國	紅水河	6,426
8	Krasnoyarskaya	俄羅斯	Yenisei	6,000
9	Robert-Bourassa	加拿大	La Grande	5,616
10	Churchill Falls	加拿大	Churchill	5,428
11	Bratskaya	俄羅斯	Angara	4,500
12	拉希瓦壩	中國	黃河	4,200
13	小灣壩	中國	湄公河	4,200
14	Ust Ilimskaya	俄羅斯	Angara	3,840
15	Tarbela Dam	巴基斯坦	Indus	3,478
16	Ilha Solteira Dam	巴西	Paraná	3,444
17	二灘壩	中國	雅礱江	3,300
18	瀑布溝壩	中國	大渡河	3,300
19	Macagua	委內瑞拉	Caroní	3,167.5
20	Xingo Dam	巴西	São Francisco	3,162

剛果，99% 的電力來自水力發電，巴西的水力發電也占了全國用電來源的
91%。

　　僅管水力發電算得上是既乾淨、又便宜，但其建造與運轉終究不免帶
來淹沒山谷並讓景觀與生態系完全改觀等，對於周遭居民與環境造成的重
大衝擊，而終將阻礙其大規模設置與發展。一般預測，未來水力發電，較
有可能朝向僅滿足分散、單獨社區所需的小型電場方向發展。

　　雖然全世界水力發電（hydroelectricity, hydropower）大多源自於大型
水力發電裝置，不過小型水電裝置（一般指發電容量低於 30 MW 的）在中
國大陸（占全世界小型水電容量的 70%）等地區，也廣受歡迎。主要在於
其所需水庫與土木工程規模都小，相對於大水庫對環境的衝擊也小。

　　如圖 4.10 所示的小水電，築壩攔集溪流水，水流經過引水渠流入壓力
前池，然後經水道進入機房，推動渦輪機帶動電機發電。

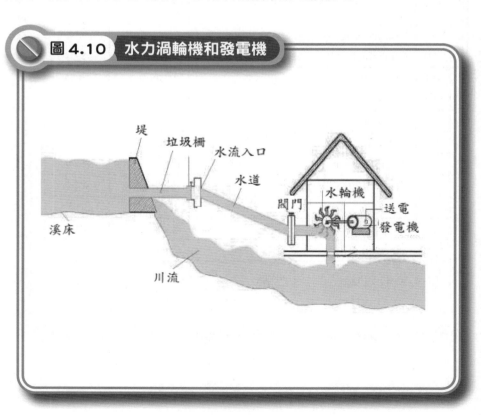

圖 4.10　水力渦輪機和發電機

第 5 章

風能——從陸上到海上

人類利用風能碾穀、打水及應用在其它機械的動力上，已有數千年的歷史。迄今全世界各地加起來有幾十萬部，如圖 5.1 所示的這類風車（wind mill）同時在運轉，其中大多數都用在泵送水。

而其實，人類自十九世紀末期一開始，便嘗試以風來發電，而且在許多方面也都相當成功。然而也一直等到 1980 年代，這項技術才成熟到足以轉型成為，透過大規模產業來生產大型風力發電機的情況。如今風力發電在各種發電方式當中，已堪稱最為有效的一種。

Unit **5-1**
風力發電

有關風力發電，我們首先想探討的，是以下幾個問題：

- 什麼是風能？
- 什麼是風機？它是怎麼作動的？
- 風機是怎麼造出來的？
- 風機有多大？
- 一部風機可以發出多少電？
- 什麼是可獲取因子（availability factor）？
- 發出一百萬瓦（megawatt, MW）的電，需要用到多少部風機？
- 一 MW 的電可供多少用戶使用？
- 什麼是風場（wind farm）？
- 什麼是容量因子（capacity factor）？
- 假設一部風機的容量因子是 33%，是否就表示他只有三分之一的時間是在運轉？
- 風機是怎麼轉起來的？

什麼是風能

和水力能一樣，風能可說是從太陽能轉換來的。如圖 5.2 所示，太陽的輻射在地球上各部分，分別以不同速率在白天和晚上加熱。同時，不同的表面狀態（例如水和土地）也以不同的速率吸收或反射太陽輻射，結果營造成大氣當中，在不同的部位進行著不等程度的加熱。熱空氣上升，降低了地球表面的大氣壓力，而冷空氣緊跟著進來，取代了它。風也就這樣吹將起來了。

風的變動性及風機動力

空氣有質量，當它移動，便產生了動能。這動能當中有一部分可進一步轉換成成迴轉的機械能，進而轉換成電。

既然風速分分秒秒乃至日日月月都持續在變化當中，風所發出的電當然也就跟著持續變動了。有時諾大的一部風機，甚至連些微的電力也產生不出來。這樣的變動性（variability）固然會對風力的價值有所影響，但也不至於真的就像很多人所輕易論斷的：「風能不符合實際需要」。

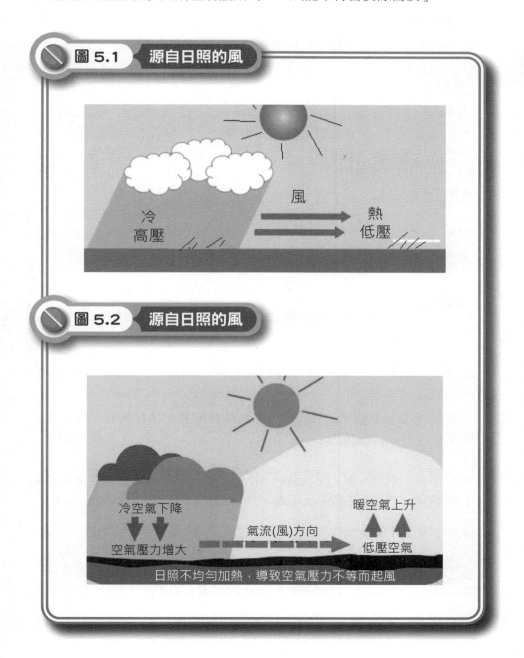

圖 5.1　源自日照的風

冷
高壓

風

熱
低壓

圖 5.2　源自日照的風

冷空氣下降

暖空氣上升

空氣壓力增大

氣流(風)方向

低壓空氣

日照不均勻加熱，導致空氣壓力不等而起風

Unit 5-2
風機的容量因子與可靠性

以下我們要藉著討論一些風力產業界與發電產業界的專用名詞，來幫助讀者了解風力技術及其性能和經濟性。

容量因子

簡單的說，容量因子（capacity factor）就是讓我們看出一部風機（或任何其它發電設施），在某個位址究竟能產生多少能量的一個指標。它其實也就是將該電場在一定期間的實際發電量，與該場在相同期間，以全容量（full capacity）運轉所能產生的，作一比較。因此，我們可將風力發電的容量因子的定義寫成以下式子：

$$\text{容量因子} = \frac{\text{一段期間當中實際發出的電量}}{\text{風機在最大輸出下全程運轉所應發出的電量}}$$

傳統的火力發電廠，除了設備故障和維修期間必須停機外，絕大部分的時間都在運轉。其容量因子一般在 40% 至 80% 之譜。至於風力發電，例如：

假設你有一部額定電力（power rating）為 1,500 kW 的發電機。理論上，如果該機全天 24 小時全力運轉，一年 365 天下來所發的電應為：

$$（1,500\ kW）×（365×24\ \text{小時}）=13,140,000\ kW\ \text{小時}$$
$$=13,140,000\ \text{度電}$$

然而實際上量測出來，這部發電機一年當中只發了 3,942,000 kWh 的電。因此，該發電機在那年當中運轉的容量因子便是：

$$\frac{3,942,000}{13,141,000} = 30\%$$

風力發電既然全仰賴風，可以想見一個風場在某些時段可能可以穩定發電，但另外有些時段，則可能完全不發電。

間歇性和風力的價值

可獲取因子或可獲取性（availability）可告訴我們，一部風機或其它發電廠的可靠性。其指的是該電廠可用來發電的時間百分比（亦即沒有維修的情況）。當今風機的可獲取性都可達 98% 以上，比絕大多數其它類型發電廠要高，誠可謂相當可靠。

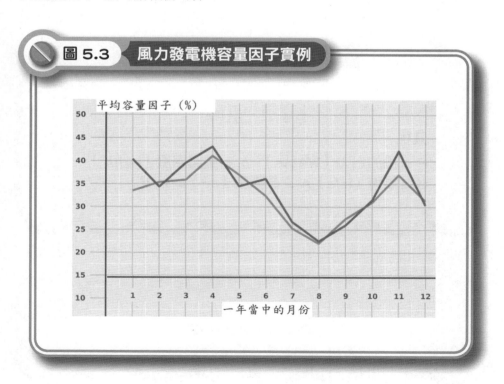

圖 5.3　風力發電機容量因子實例

Unit **5-3**
理論上的風力

圖解再生能源

　　將流動的空氣減緩下來，等於降低了它的動能，而這降低的能量必然有個去處。風機讓流過的風變得緩慢，而將當中的一部分動能，轉換成了機械能和電能。該動能為：

$$KE = \frac{1}{2} mU^2$$

式中

m 為質量（kg），U 為風的速率（m/s）。

066

　　如此，我們可以計算出在流動的空氣當中蘊藏了多少電量。如圖 5.4 所示，垂直穿過某個半徑 R 的垂直圓面，所產生的風的質量 m = ρUA，至於出力便是：

$$P = \frac{1}{2} \rho U^3 A$$

其中

P = 風的出力（Watts）　ρ = 空氣密度（kg/m³）
U = 風速（m/s）A = 截面積（m²）= πR²

　　所以，我們可進一步改寫：

$$P = \frac{1}{2} \rho \pi R^2 U^3$$

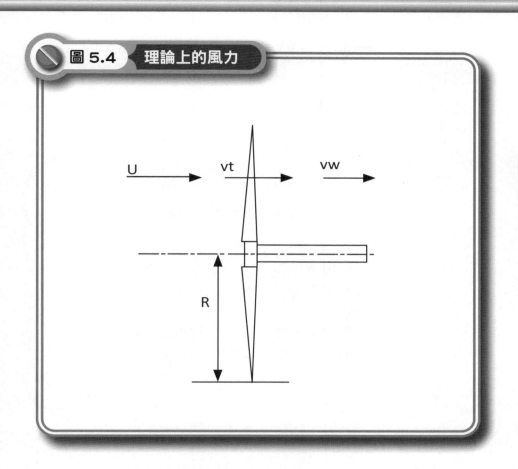

圖 5.4　理論上的風力

　　由上式我們可看出，空氣通過一部風機所掃過的面積的質量流（mass flow），隨著風速和空氣密度而變。舉例來說，在一個 15 ℃的清晨，在海面上可測出空氣的密度應為每立方公尺 1.225 公斤。此時一陣 8 m/s 的微風吹過一座直徑 100 公尺的風機葉輪，可推動將近 77,000 公斤的空氣流過葉輪所掃過的面積。

　　一定質量的風流過，所產生的動能隨風速的平方而異。而因為質量流隨著風速作線性上升，因此能提供給風機的風能，隨風速的立方而提升。而就此葉輪來說，這個例子的這一陣微風可產生 2.5 百萬瓦的風力。

　　當風機從空氣流當中擷取能量的同時，空氣會跟著慢下來，而使空氣分散，傳遞到風機周遭之外。德國物理學家 Albert Betz 早在 1919 年便確認，我們透過風機從風當中擷取的能量，最多只能達到流過風機截面的 59%。因此無論風機的設計為何，都會受到所謂 Betz 限制（Betz Limitation）。圖 5.5 所示為風機曲線圖，圖 5.6 呈現風速的機率分布函數。

風的功率

　　風電以瓦（Watts）衡量，理論上當風吹過風機，其中每秒鐘的動能 P 可藉以下公式算出：

$$P = \frac{1}{2} \times \rho \times A \times V^3 \times C_p \text{ (Watts)}$$

式中：

ρ = 空氣密度（kg/m³）

A = 葉輪掃過的圓面積（m²）

V = 空氣速率（m/s）

C_p = 功率因子，即從風當中轉換成機械能的百分比，一般為 0.35 到 0.45。

　　一風機瓦數計算實例：

　　風機葉輪半徑 6 公尺，在空氣密度 1.225 kg/m³，8 m/s 風速下的發電瓦數（P）有多少？假設功率因子為 0.4。

$$P = \frac{1}{2} \times \rho \times A \times V^3 \times C_P$$

$$P = 0.5 \times 1.225 \times (\pi \cdot 6^2) \times 8^3 \times 0.4$$

$$\therefore P = 14{,}187W \text{ or } 14.2kW$$

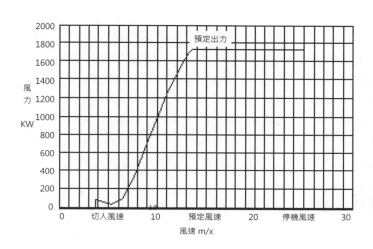

圖 5.5　風機曲線圖

 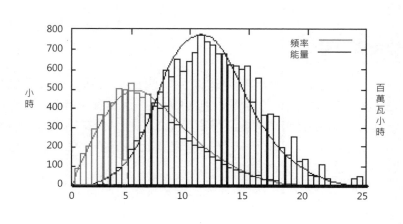

圖 5.6　風速的機率分布函數

Unit 5-4
風力發電機

　　當今我們所看到的風力發電機，多半都有兩片或三片看似竹蜻蜓的葉片（blades）。這葉片的作動方式和飛機翅膀相近。當風吹拂這葉片時，在葉片的下風處隨即形成一「包」低壓空氣（low pressure air pocket）。這低壓空氣包隨即將葉片扯向它，使葉片傾向要轉動。這種現象稱為揚升（lift）。這揚升的力道，實際上比起頂著葉片前端稱為拉扯（drag）的風的力道要大得多。如此一面揚升，加上一面牽引，兩個力道結合在一起，便讓葉輪轉了起來，而它的軸當然也可帶著發電機軸轉動，發出電來。

風機類型

　　風機在設計上有兩種基本型式：被稱為「打蛋器」型的垂直軸型（如圖 5.7 所示）以及水平軸型（螺旋槳型，如圖 5.8 所示）。後者為當今最常見的，幾乎全球市場上所有公共電力規模（容量約在 100 kW 以上）的，皆屬之。

　　不同年代的風機尺寸各不相同。從圖 5.8 可看出歷年來的各種風機尺寸，及其分別所能發出的電力（風機的容量或額定出力）。

　　陸域風場的公共電力規模風機有好幾種不同的尺寸。葉輪直徑從 50 公尺到大過 180 公尺都有。至於家戶小型商用風機就小得多了。大多數這類風機葉輪直徑都不到 8 公尺，塔架的高度也都在 40 公尺以下。

風機能發多少電？

　　首先，一部發電機的發電能力皆以瓦特或瓦來表示。不過瓦是很小的單位，絕大多數的情況，都還是以瓩（kW）、百萬瓦（MW）及十億瓦（GW），作為敘述風機或其它電廠發電容量的單位。最常用來度量發電與耗電的，就屬度或瓩-小時了。一部風機究竟能輸出多少電，主要取決於風機的尺寸及吹過葉輪的風的速率。

圖 5.7　垂直軸型風機

圖 5.8　雙葉（前排）與三葉（後排）水平軸型風機

圖 5.9　不同年代風機的相對尺寸

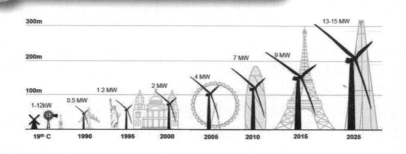

Unit 5-5
風機的解構

　　風機為將有如移動流體的動能，轉換成轉動機械能的裝置。在一部風機上，葉片利用空氣動力的舉升和拖曳來擷取一部分風能來轉動發電機。如圖 5.10 所示，現今大多數風機都包含四個主要部分：

轉輪	轉輪（rotor）或是葉輪（blades）用來將風的能量轉換成為轉動的軸能（shaft energy）。
機艙	機艙（nacelle, enclosure）位於塔架（tower）頂端，包含一套驅動系列，通常包括一個齒輪箱（有些直接驅動的風機不需要）和一部發電機（圖 5.11）。
塔架	用以支撐轉輪和前述驅動系列裝置。
控制	包括地面支援設備在內的電子控制裝置，分布在整個系統當中

　　轉輪包括一個輪轂（hub）和三片稱為空氣翼（hydrofoils）的輕質葉片（大多數皆屬之）。當空氣流過葉片時，轉輪便繞著水平軸旋轉，風速愈高，轉得愈快。

　　風機能穩定而安全運轉的關鍵之一，在於其具備了最佳的監控。最先進的監控系統，可持續量測每根葉片所承受的負荷，藉以在有風擾動的狀況下，維持負荷均衡。

　　電纜攜帶著發出的電流，送到風機塔架的基座。位於塔內或在地面上的變壓器將電壓調節後，可以當場使用，或者和附近的電力輸送系統電網聯結。控制系統和其它的電子監測器會同時進行管控，使風機運轉達到最佳化狀態。其從狀態可能隨時變化的風，產生出最大的電力，同時可管理

圖5.10 兩大類型風機的幾個部分

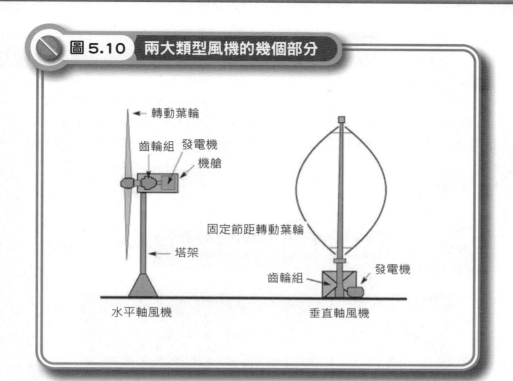

水平軸風機　　　　　　　　　垂直軸風機

圖5.11 大型風機的剖視

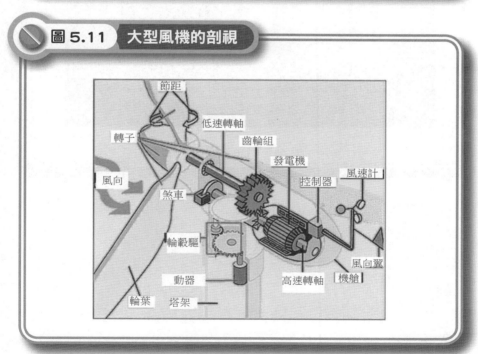

和電力聯網之間的聯結。很重要的一點是，其尚且須在極高風速下，保護風機免於受損。

　　風機可自成一套供電系統，或者也可聯接到既有的電力供應網路（utility power grid）上，或者甚至還可和太陽能電池系統結合在一起。若是用作公共電力供應規模的風能，為經濟起見，都聚集了一群大型（660 kW 以上）風機，形成如圖 5.12 所示的整片風場（wind power plants, wind farms, wind park）。

圖 5.12　一群大型風機形成的整片風場

筆 記 欄

Unit 5-6
風電裝設

要將風力發電安裝到你的電力系統當中作為另一能源選項，會比太陽能發電的麻煩些，但也還能應付。首先在安裝風機時，必須找個風能充分流通，不會被像是建築物或樹等擋住的地方。

有些小一點的風機雖然可以就裝在你家屋頂，但必須考慮到的是，這部風機的震動可能會傳達到安裝的結構物上。

整流器

風力發電機發的是交流電，須靠一整流器將輸出轉換成直流電。這整流器往往會和一個充電控制器（charge controller）結合，成為一套完整的風機控制單元。

有了負載轉換充電控制器裝在風機和儲電的電池之間，再來便可從電池直接接到電壓相符的直流系統，或是透過一轉換器到一交流電或交直流混合系統。

直接驅動

大多數風機皆透過齒輪組來提升發電機轉速，如此容易發生故障，且徒增風機重量。因此有些風機改以一單獨、大直徑的發電機，直接聯結到逆流器上。隨著永久磁鐵趨於便宜、質輕且出力更大，加上有更好用的逆流器，直接驅動式風機可望很快在成本上具有競爭力而成為主流。

圖 5.14　照片所示為上海振華重工的新型風機安裝船。該船（90 公尺長、40.8 公尺寬）將吊起、安裝及運送等功能合於一體，適用於三部 6-MW 或兩部 8-MW 風機。其可在五公尺高的巨浪和強風下，進行精準安裝

圖 5.13　作者於 2006 年，和夥伴不靠任何重型機具，將這部 50 kW 風機傾倒，在地面進行保養維修，接著豎回發電

圖 5.14　上海振華重工新型風機安裝船

Unit **5-7**
風力資源評估

為甚麼要評估風力資源？

　　由於風中的力與風速的立方成正比，微小的風速改變，所產生的風力即有很大的不同。因此在風場建立之初，必須先審慎進行風力資源評估。

　　為能精準預測裝設風力的潛在效益，在可能場址的風速等特性，都須先準確了解。了解風的特性，其它還有一些重要的技術上的理由。風速、風剪、擾動及狂風（gust）密集度，這些資訊在進行風機基座設計等之前，都必須已評估得很具體。

　　一般而言，小型風機年平均風速至少須達到每秒 4 公尺（m/s），公共電力規模風場所需最小年均風速則為 6 m/s。須知，表面上看起來風速差異並不太大，但所增加能用來發電的能量卻相當可觀。此影響發電成本與效益甚鉅。

如何評估風力資源？

　　一般我們須在至少 40 公尺的高度，連續量測風達一年以上。這需要用到特別設計用在風力上的如下設備：

✓　裝在塔上的風速儀（anemometers）

✓　聲波雷達（SODAR）

✓　風地圖（wind maps）

場址選擇

　　風機的所在位址，對於其所能產生的電力數量和其成本有效性，影響甚鉅。而場址的「好壞」則取決於以下幾項因素：

風速　最關鍵的因素當屬風機轉輪在輪轂高度位置的平均風速，其又取決於地形等許多因素。

鄰近　就聯網供給面（grid-tied supply side）的應用而言，風機一般都會儘量設在，靠近未來能擴充容量的電力線路經過的地方。

便利性　無論是經由道路、船、或其它運輸方式，該位置必須能夠且最好是方便接近，以便日後對風機進行安裝和維修。

　　上述針對場址選定的因素，對於設置具潛力風場的經濟性，有很大的影響。至於其它要考慮的因素當然還有很多，以下僅舉其中幾項為例：

- ✓　所有權及財務結構

- ✓　當地的許可及區域劃分的需求

- ✓　視覺上的影響

- ✓　噪音上的影響

- ✓　對於鳥、蝙蝠等物種的影響

Unit **5-8**
風的統計資料（1）

長期平均風速往往可以提供年度平均風速，而從以下數據，可了解風力資源的品質。

主要風向（prevailing wind direction）

此指的是風最常吹過來的方向。在裝設風機時，須先知道風的方向行為。舉一個顯而易見的例子，如果你選的地點主要風向是西邊，你就應該不會選擇在西邊有障礙物作為風電位址了！

平均擾動密集度

擾動密集度（average turbulence intensity）是狂風的量測值，在經過風速除以平均風速的標準差（standard deviation）（在一段時間內，例如 10 分鐘）的計算而得。擾動密集度低，即意味著所需要的維修較小，而風機表現也較佳。

風剪

通常風速會隨著高度的增加而增大。此隨高度的風速變化稱為風剪（wind shear）。風剪在所謂的風力定律（power law）的方程式當中，可以指數a 表示：

$$U = U_r \left[\frac{z}{z_r} \right]^a$$

式中：

U 為在某高度 z 的風速；

U_r 為在另一高度 z_r 所量得的風速；

風剪愈大，在較高處所增大的風速也愈大。

數據品質

　　在進行風能評估，一面收集數據的同時，還必須一面確定該數據的品質。若數據品質不佳，所導出的結果便不值得信賴。

表示圖

　　風速時間系列（wind speed time series）：圖5.15 可用來表示風的變化情形與趨勢。

　　每日平均風速（diurnal average wind speeds）：從圖5.16 可以看出在一天當中，每個小時的風速。從這個接近地面所量測的實例可看出，早晨風速低，接下來一下午風逐漸增強，到了晚上又歸於平息。

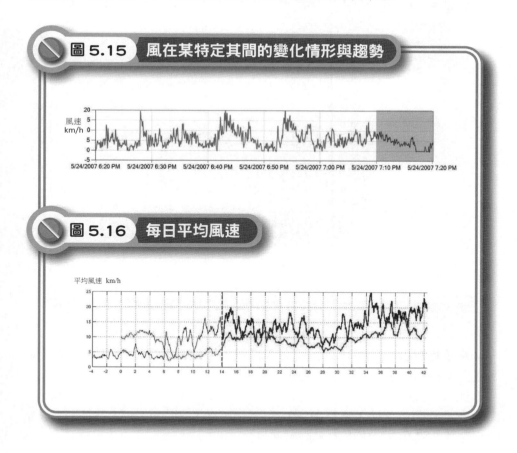

圖 5.15　**風在某特定其間的變化情形與趨勢**

圖 5.16　**每日平均風速**

Unit 5-9
風的統計資料（2）

風速分布：圖 5.17 表示吹某個速率的風，所占時間百分比。最高的百分比（圖中高峰處），表示經歷最多的風速，此可能有異於平均風速。

擾動密集度（turbulence intensity）：圖 5.18 表示在不同風速下，狂野（gustiness）的程度。其可以和風速分布圖結合，用來決定出在某個風機運轉狀況下，所出現擾動的程度。

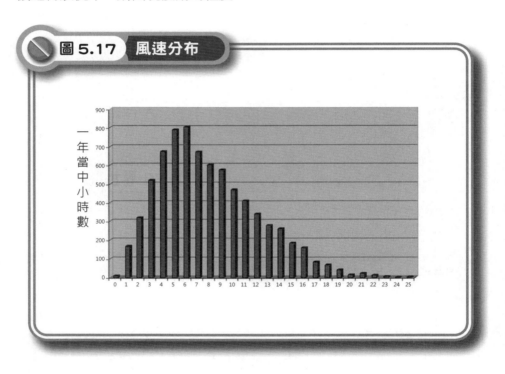

圖 5.17　風速分布

月平均風速：像台灣等一些海洋性氣候地區，風在冬天吹得較快，到了夏天就緩和一些，容量因子也隨之消長。

風玫瑰（wind rose）：在圖 5.19 當中，實線所表示的為風速（m/s），虛線則為時間百分比（%）。從圖中可看出，從某個方向吹來的風所占時間的百分比，以及在該方向的平均風速。

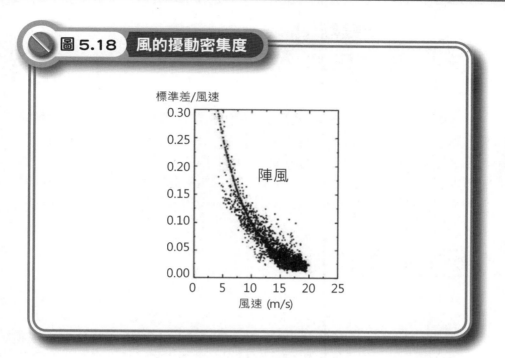

圖 5.18　風的擾動密集度

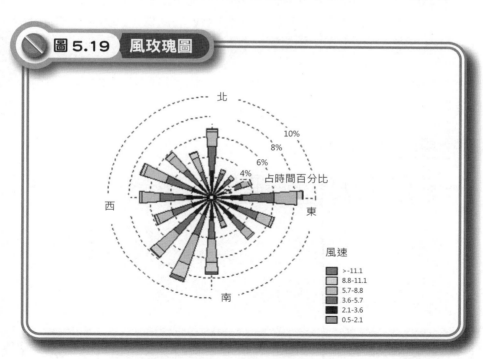

圖 5.19　風玫瑰圖

Unit 5-10
海域風能

　　世界各地人口與工商業發展大多集中在沿海地區，此處電力需求相對於內陸也高得多。海域（或稱離岸）風力發電（offshore wind power）因為不受像是建築物與山丘等的阻礙，而能擷取到相對強勁而穩定的風力資源。也因此近幾年在許多國家，都有海域風電崛起之勢。雖然目前比起陸域的風電來得貴些，但因畢竟在海域能獲取多出將近 50% 的風能，而可吸引愈來愈多的投資者。

離岸風電現況

　　隨著全世界政府與工業界對離岸風電的認同，追求提升效率與降低成本的相關技術持續提升，風機也朝更大尺寸發展。美國 GE 公司在 2018 年期間推出其 Haliade X 12MW 風機，預計在 2024 與 2025 年間開始商業運轉。Vestas 也於 2018 年將其 MHI 風機提升到 10MW，用在荷蘭、英國和美國。金風也在中國大陸東南海岸推出 8MW 的風機，Siemens Gamesa 的 10MW 風機在 2022 年開始運轉。

　　台灣政府於 2011 年 7 月啟動「千架海陸風力機」計畫，鼓勵在西海岸設立離岸風力示範電場。當時預估 2030 年之前安裝約 600 架、裝置容量達 3,000MW 離岸風機。

為什麼要在海域？

在海域進行風力發電的主要優勢包括

- ✓ 不受土地限制
- ✓ 海域強而穩的風力
- ✓ 海域風力資源相當龐大

- ✓ 海域風機尺寸不像在陸上須受到限制
- ✓ 低擾動、壽命長
- ✓ 表面平坦——風機價廉
- ✓ 大面積土地中心到道路的距離

海域強而穩的風力

圖 5.20 表示出，風如何在海岸邊形成。

圖 5.20　風在海岸邊形成

陸地上的暖空氣被迫上升

水面上的冷空氣移向陸地

陸地熱起來比水來得快

Unit 5-11
海域風能的優勢與挑戰

海域的風往往比岸上的要強勁得多，往往離岸一段距離的風，即可增加達二十個百分點。而已知風所含能源隨風速的立方增大，因此在海域所能擷取到的風能，平均可比在岸上多出 73%。

海域風機尺寸不像在陸上須受到限制。海域風機往往不像在陸域會受到取得土地大小，及與其它陸域活動相互干擾等因素的限制。

低擾動、壽命長

海面和其上方空氣間的溫差，尤其是在白天，比起陸上相對情形要小很多。這表示海面風的擾動比起地面風要小。如此一來，亦表示位於海上的風機所受到的機械疲勞負荷，比在陸地上的要小，而壽命也就可延長些。

086

表面平坦——風機價廉

另一個有利於海域風力的論調指的是，算得上相當平坦的海域水面。這表示在海面上風速隨高度增加的不會像在陸上那麼大。也就是說，海上不需要用到高度太高的塔架。

在海域風場的特殊條件還包括：

風機數目幾乎不受限制，可視需要擴充；

基座坐落在海底或不用基座漂浮在水面；

風機之間電力聯網；

聯接到岸上的電纜；

運轉與維修所需要的基礎設施；

海域風機設計修改。

現今海域風場計畫所用的風機，多半是已標準化，且已事先做好特別防蝕的機器。但一些重大技術上的改變也逐漸引進，例如在最初裝設海域風機時，必須將高壓變壓器裝到風機塔架當中。如此除了可以有較佳的防蝕保護，尚具備兼作加熱設備的好處，而可避免風機冷起動。

海域風能的環境與經濟性議題

圖 5.21 所示，不同於在陸域的情形，一部設置在海域當中的風機，必須面對各項環境因子的嚴峻挑戰。因此，海域風力電場的投資成本，一般都遠高於裝設在岸上的，主要便在於：

水下結構土木工程；

較高的電力連結成本；

用來對抗具腐蝕性的海洋環境，所需用到的高規格材料等額外增加的成本。

然而，一般海域的風速畢竟都比陸域的高（除了某些特定的山坡頂上以外），再加上隨著過去經驗的累積，其成本可望持續下降，使得海域風能的成本可望在風能發展的下一階段，具相當競爭力。何況，若要採取很大尺寸的風機，在海域比在陸上較為可行，而這也正符合提升風電經濟性，所必須具備的重要條件。

圖 5.21　一部海域風機所面對的各項環境因子

Unit **5-12**
海域風電技術

風機基座

　　風機的維修與安裝成本，是可能阻礙海域風場發展的一項重要因素。岸上風場的維修與經常性場務成本，大約是建立風場費用的四分之一。在海域風場，這筆錢可高達四分之三。所以為了降低這筆支出，在設計之初便值得好好下工夫，來讓建造的風機更為可靠、更容易安裝，以及易於施工。

　　而在此方面的一項關鍵便是風機的基座。圖 5.22 所示，為海域風機將發出的電送上岸的情形。圖 5.23 所示，為三種不同類型的海域風機基座。雖然目前以單樁式基座最受歡迎，但仍不乏新的觀念被逐一提出，也有些正在開發之中。

　　重力基座利用本身的重量來穩住風機，做法簡單且適合各種地質狀況的海床。採用混凝土，運送重量龐大，所費不貲。採鋼鐵重力基座，則是將較輕的鋼鐵基座先安裝好，再填入密度很高的橄欖石，使整個重量達到上千公噸。

　　單樁式目前已成為有如標準的風機安裝方法。其最大直徑在 5 至 6 公尺之間，最主要的優點在於簡單，只需要打樁到海床裡，再一面對些微傾斜進行修正，即可。但主要的問題在於如果海床是岩盤時，需要事先進行鑽孔所費不貲，而未來除役後移出的困難度亦不難想見。

　　水深超過 30 公尺，便適合採用三腳或多腳樁基座。這樣的基座雖然既堅固又好用，但成本終究很高，且未來在除役後要移除也很困難。

漂浮支撐

　　風機也可設在浮動平台上，而得以不受水深限制，在任何最有利於擷取風能的海域建立風場。目前已有一些雛型正試驗當中。圖 5.24 所示，為三種漂浮支撐基座設計概念。

圖 5.22　海域風機送電上岸

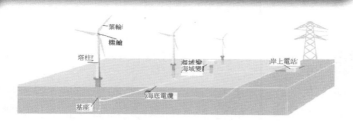

圖 5.23　三種不同海域風機基座，自左至右依序為重力基座、單樁鋼構、三腳鋼構

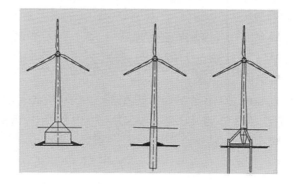

圖 5.24　三種漂浮支撐基座設計概念

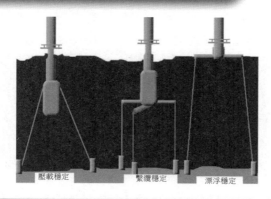

Unit 5-13
離岸風電展望（1）

離岸風電市場

　　圖 5.25 所示為全球離岸風電市場趨勢。到 2018 年底，全球裝置的海域風電，共占所有裝置電力的百分之四。預計到 2025 之前，總裝置容量可達 100 GW，占比達百分之十。此期間，以目前各國政府的支持情況推估，歐洲將持續每年增加 3 至 4 MW，而亞洲則會每年新增 5 至 7 GW。

　　亞洲海域風電的關鍵市場在台灣、南韓及日本。這些市場的投資與供應鏈正持續推展，計畫也趨於成熟。剛起步的越南也已裝置 99 MW 海域風電容量。美國預計在 2023 至 2025 年間會有 1 GW 海域風電，主要位於東北的紐約和麻塞諸塞州。

　　截至 2019 年英國裝置的離岸風電領先全球。英國的離岸風電預計在 2030 要超過 30 GW，占全國電力供應的三分之一。大陸在 2023 年總共有超過 30 GW 離岸風電裝置容量。

　　根據 Fitch Solution 2018 年 11 月的預測，不只是離岸風電，中國大陸在整體風力發電市場上，在 2027 年之前，將會是全世界最大，占超過 45%。目前大陸風機市場的領先公司包括上海電力（50%）、金風（18%）、遠景能源 Envision（17%）及中船重工海裝風電（CSIC）（9%）。

未來設計趨勢

　　海域風電的長遠概念包括飄浮傾斜，能自主尋找目標的海域風機。未來的計畫目標在於，藉著省去一些對擷取風和發電，沒有直接貢獻的非必要部分，以大幅降低投資與營運成本。在這類海域風電模式當中，所有葉輪和主軸都直接在底部接近海面處，與一完全封閉、直接驅動的發電機聯結。

　　如此設計所具備的主要潛在優勢包括：設計簡單、僅一個運動部分、所有重的部分都位於接近海面，以及必要時可將整體拖至岸邊或就在海上進行維修。

海域工作船

　　隨著幾個大型海域風電工程獲得確定，海域服務產業也受到鼓舞，隨即開發出一系列安裝與維修專用船舶。而能讓人員接近海域風機的海域接近系統（offshore accessing system, OAS），也隨之發展出來。

　　除了在 5-5 節當中所示的海域工作船，一些實例包括荷蘭 Ballast Nedam 公司的自航駁船 HLV-Svanen，可舉重達 8,700 公噸，自由揚升 75 公尺，足以安裝葉輪直徑達 130 至 140 公尺的 6 至 7 MW 風機。其亦可用來運送直徑達 22 公尺的混凝土重力基座。

　　隨著風機尺寸愈來愈大及海域愈來愈深，找出成本有效且快速安裝的水下結構解決方案，也就愈來愈需要。而前面所提到的一些實例可看出，要能在風力工業上成功，結合遠見與果斷，顯然是離岸風力發電和其它再生能源得以成功的關鍵要素。

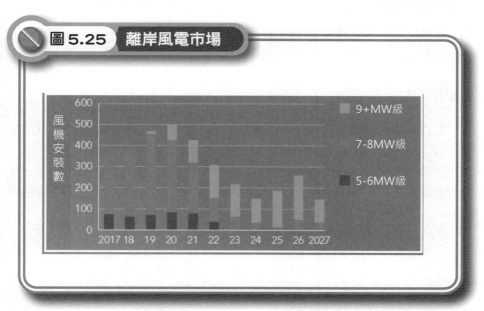

圖 5.25　離岸風電市場

Unit **5-14**
離岸風電展望（2）

推動阻礙和疑慮

　　開闊的大海對離岸風機構成了很大的挑戰。高鹽分的空氣、持續的潮濕、大浪和浪所帶起的水顆粒等等，都分別對風機產生一定程度的作用。

　　隨著海域風能工業的趨於成熟，更大、更特別的風機，也就得跟著設計得更符合實際需求，包括比早期大得多的系統的可靠性，以及大幅降低保養需求等。

成本的挑戰

　　離岸式風力發電場須設置包括海底電纜、升壓變電站、海上風機機座、風機及塔架等主要設施，投資金額是目前陸上風力發電場的二、三倍。

環境與社會議題

　　在評估離岸風電場址時，會立即引來對於海洋生物與當地鳥類等造成影響的關切。儘管長期而言，大規模的風場對於海洋生物還算得上是利多，但依過去的經驗，為彌平相關社會爭議，漁民的收益減損須得到補償。而在當地鼓吹海域風電及爭取合作的最大利器，不外擴大其所能提供的就業機會。

　　總的來說，海域風電的發展趨勢不外：

* 更深水域（30 公尺以上），基座成本更高。
* 離岸更遠。
* 風機更大。
* 高伏特直流電纜。
* 漂浮。
* 海域產氫。
* 範圍更大產能更大。
* 位址衝突較少。
* 環境更為嚴峻。
* 電纜更長。

海域風場發電兼產氫

再生能源與氫的結合，可視為理想的能源生產模式，同時也是氫經濟的基礎。達成氫經濟的主要障礙，為其所需要的大規模基礎設施的轉型，以應付特別是對氫安全性的顧慮，以及所能獲取的符合成本有效性的再生能源系統。

利用海洋能技術所產生的有用能量，可透過氫加以儲存及輸送。氫可以在海域和其它產生能量的設施上一道產生，或者它也可以在岸上利用海域產能設施來生產。電解是目前最有希望的產氫方法之一。如圖 5.26 所示，假如氫是在海域和電一道產生，那麼就可將它送到岸上，搭配生物氣等其他能源，適時將熱與電供應所需。

氫可以用如後三種方法之一傳輸：以氣體、液體或裝在氫容器當中。如此可在海域產氫位址充足氫，然後送到岸上，將氫從中脫除，再送回海域進行充填。有關氫的儲存技術，詳見第十一章。在技術上，一些可能的障礙，包括密合技術的提升，及控制滲透與漏洩等技術。

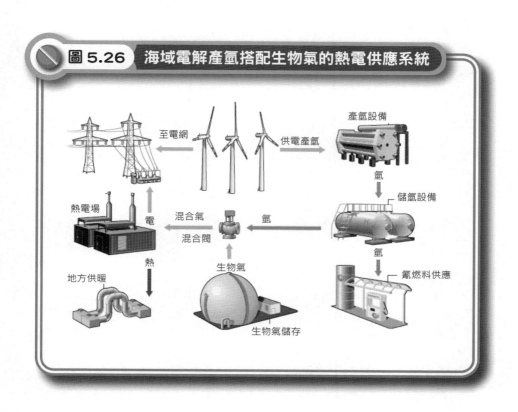

圖 5.26　海域電解產氫搭配生物氣的熱電供應系統

筆 記 欄

第 6 章

太陽光電

······· 章節體系架構 ▼

以半導體材料做成的太陽能電池或稱作光伏（photovoltaic, PV），可直接將太陽光轉換成為電。我們日常所用的太陽能手錶、計算機等，靠的便是最簡單的太陽能電池。至於用來照亮屋子、街道或是能與電網聯結的，便需要較複雜的系統。還有就是用在偏遠地區，像是公路旁的緊急電話、遙測、管路的陰極保護（cathodic protection）防蝕系統，以及很少數的一些離網（off grid）住家用電，都已有很好且成熟的太陽能應用實例。而更進一步的例子，就是用來推動人造衛星和太空船的運行。

Unit **6-1**
太陽光電的潛力

太陽能量在穿過地球的大氣層之後，大部分都成了可見光和紅外光輻射的形式。植物利用太陽能，透過光合作用製造出化學能。

太陽能電池的應用

光伏電池是利用太陽能撞擊材料當中的電子，使其脫離原子，在材料當中流通，以產生電。如圖 6.1 所示，一般太陽能電池大約每 40 個電池（cells）組成模組（PV modules）；大約每 10 個模組結合成邊長好幾公尺的光伏陣列（PV arrays）。這些平板 PV 陣列，可以固定的角度朝南架設，或者也可架在一個太陽追蹤裝置上，使一天當中所捕捉到的陽光達到最大。一般家庭用電大約 10 至 20 個 PV 陣列可滿足，至於大型工廠等產業設施，則可能須用到上百個陣列，聯接在一起成為一個大型 PV 系統（PV system），若再擴而大之，則可成為一座電場。

PV 資源

地球上整體的 PV 資源可謂相當龐大，如圖 6.2 所示為地球上太陽能資源的分佈情形。

假設某 PV 模組的平均效率為 10%，裝設在占地球表面 0.1% 的面積（大約為 500,000 平方公里，也就是地球上沙漠總面積的 1.3%）上，那麼，這些 PV 所能發出的電力，便足以供應目前全世界所需總電力。當然，實際上還須將一些限制納入考慮，才能算出真正能供應到我們手上的電力。

圖 6.1　從電池組成模組，再結合成 PV 陣列

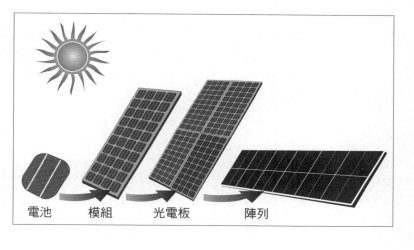

電池　　模組　　光電板　　陣列

圖 6.2　地球太陽能資源地圖；愈深的顏色代表日照愈多

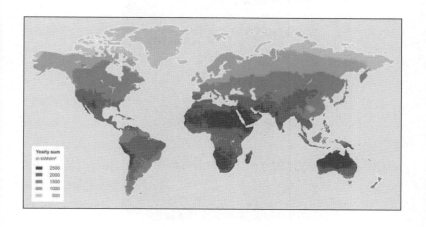

Yearly sum
in kWh/m²

2500
2000
1500
1000
500

Unit 6-2
太陽光電的應用

　　由於在環保上所顯現的效益，以及規模與可用性的快速成長，PV 在最近一、二十年逐漸受到世人矚目。作為一種多元可擴充且獨立的電力來源，PV 可應用於相當廣泛的技術、建築及系統等任何需要能源的地方。以下先看幾個 PV 應用實例。

消費性產品

一些採用光伏技術的產品，像是掌上型計算機和手錶等，在市面上已有相當長一段時間。通常在其頂端都有一條太陽能電池條，只要有太陽光或燈光即可驅動。市面上還有像是充電器、燈具電池、庭園用品、陽台傘、玩具、衣物、太陽背包等採用光伏技術的消費性產品。

圖 6.3　PV 應用在太空梭

圖 6.4　PV 應用於太空船上的情形

 圖 6.5　太陽帆船

住戶和商業建築

當今 PV 的最大市場，當屬在住家架設太陽能板了。這主要應該是因為其可以很實際的依照屋子的外觀需求及電力負荷，裝設任何尺寸的太陽能板，來為該住戶供電。

另外在一些辦公大樓、博物館、社區活動中心、購物中心及工業區建築的屋頂，也都很容易看到較大規模的 PV 裝置。某些特殊商業建築，像是醫院、實驗室及高科技廠房等，通常都需要裝設可靠的備用電力，以防萬一斷電。而 PV 便是在現場提供緊急電力的可行選擇。

偏遠地區

近年來 PV 市場的發展，對於許多人們用電的機會和形態，起了很大的改變。這主要指的還是世界上很多原本與電網無緣的地方。PV 提供給這些地方，可以用較低的成本，來擴充電網的一項選擇。這類實例還包括偏遠地區的通訊站、鐵公路信號等的電力需求。

太空與海洋應用

最早的 PV 市場，是 1950 和 1960 年代的太空工業。迄今，幾乎所有人造衛星上所用的用來產生動力或推動人造衛星的 PV 陣列，都一直表現得很好。圖 6.3 和圖 6.4 所示分別為 PV 應用在太空梭與太空船上的情形。圖 6.5 所示為太陽帆船，圖 6.6 所示則為應用於海域平台的 PV 陣列。

圖 6.7 所示為 Ecoship 在郵輪甲板上撐起以 PV 陣列組成的風帆，以中央電腦控制旋轉與傾斜角度，一方面擷取風能幫忙推進，減少燃料消耗，同時擷取太陽光發電，補充船上用電

圖 6.6 海域平台上的 PV 陣列

PV陣列

圖 6.7 郵輪甲板上的 PV 陣列

Unit **6-3**
光伏背後的科學（1）

圖解再生能源

從光到電

　　圖 6.8 所示為從太陽光到電的情形。圖 6.9 所示為一片 PV 的發電原理。PV 半導體材料用得最多的便是矽。矽本身對電流的阻抗很大，但經過摻雜（doping）或和很少量的其它材料結合之後，性質便變得可接受正電荷或者是負電荷。

　　若將一層帶正電的矽（p 型矽）放在另一層帶了負電的矽（n 型矽）上面，便形成的一個可讓電荷流通的電場。若再將此矽層和導電的金屬相接，這些電荷便可集中形成電流，而可進一步供應給用電的裝置。

　　圖 6.10 所示，為將光子能量轉換成電的材料。半導體材料的關鍵性質，取決於原子的階層。我們已知，原子由質子、中子和電子三種粒子所組成。同時我們知道，帶正電的質子和不帶電的中子構成了原子核。至於帶了負電的電子，在一不同階層的殼當中圍繞在原子核的周圍。不同的原子，便取決於其特殊的質子、中子和電子的數目。而其中又以電子，因其視原子種類而決定出特定帶電情形，而讓我們特別關切。

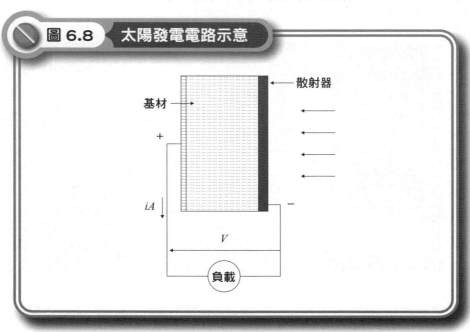

圖 6.8　太陽發電電路示意

散射器

基材

iA

V

負載

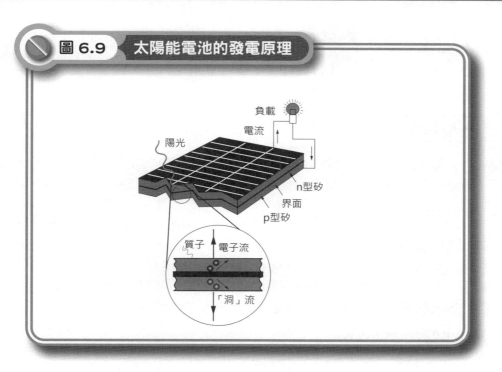

圖 6.9 太陽能電池的發電原理

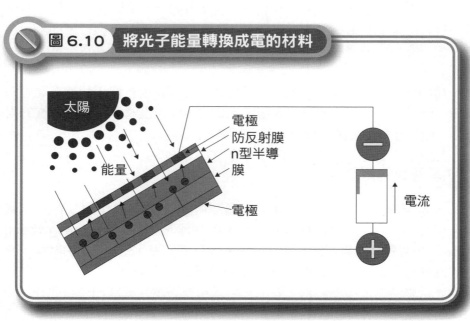

圖 6.10 將光子能量轉換成電的材料

Unit 6-4
光伏背後的科學（2）

形成電場

　　n 型和 p 型矽材料二者一旦形成，可擺在一起成為一個二極體（diode），或者是在二材料相接處形成一個電場。電子在其中僅能朝一個方向流通，亦即在該材料當中，僅有一個方向的電流。

　　陽光以光子的形態，攜帶著很微小量的太陽能。當光子撞擊上光伏板時，穿透過 n 型矽層，再撞上 p 型矽層當中的原子。太陽光子的力道，足以將二極體附近原子當中的電子，從其鍵當中撞出。這些想找個地方去的電子，剛好受到 n 型矽層表面正電的吸引，開始穿越進入到此矽層當中。如此從一個原子移到另一原子的電子，便形成了帶電荷的電場。

將帶電變成電流

　　在所有的 PV 當中，都會用上一條金屬導體條，來將在上述過程當中釋出的自由電子收集，並進一步集中。在電子往上越過 n 型矽層的過程當中，它們會被許多導體條當中的一條吸引，而電流也就因為電子的集中，而形成了。

　　藉由將二導體條接上電流，便可形成一個同時進行使用和補充電子的循環。而我們可將此電流儲存在蓄電池當中，或接上電燈等任何用電的電負載，而好好利用這由光伏板所產生的電了。

效率受到的限制

　　各半導體材料分別在一定波長範圍內與太陽光波作用，有的範圍大、有的小。不同的 PV 材料各有其不同的能量波段間隙（energy band gap）。各材料分別以其波段間隙或轉換效率來代表此範圍，其由材料所產生的電量，除以打擊到該材料上的太陽能的量，計算得。

　　光伏材料的波段間隙低，表示它可以和波長範圍較廣的光譜起作用，而波段間隙高，則表示該材料僅能和較為有限的波長光譜作用。

　　儘管算起來，低波段間隙材料與高轉換效率，可以從打到它身上的陽光當中取得較多能量，但某材料如果波段間隙太低，卻又比較難以將電荷

轉換成為可用的電。所以，基於這些限制，波段間隙介於 1.1 電子伏特（eV）和 1.8 eV 之間的材料，是在光伏上用的最多的，而 1.4 eV 則屬理想波段間隙。

目前太陽能技術亟待克服的，便是 PV 板效率上的限制。一旦在這上面獲得突破，其經濟性也將跟著大幅提升。

一個 PV 電池的形成，靠的是帶正電矽層和帶負電矽層相疊形成一個二極體，再將此二極體透過金屬導體將此三明治的頂端和底端相連形成電路。而一個實際的 PV 電池，還需要一種能抵抗反射的塗料，好讓更多陽光進到此矽三明治裡。

從電池到板再到陣列

光伏系統通常都包括以下要素：

■ 單獨的電池或整組的電池為 PV 板的核心，

■ 一片蓋在 PV 上的玻璃，可保護並讓陽光穿過，到達電池，

■ 一層抵抗反射的塑膠片，可強化玻璃蓋板，同時阻擋反射，

■ 一片襯板與外框，以形成整個光伏板，

■ 當許多片板子連在一起，形成較大電路時，便成了 PV 陣列。

Unit **6-5**
PV技術類型

圖解再生能源

太陽能電池技術可從幾方面來分類，最普遍的技術便屬晶體 PV（crystalline PV），薄膜光伏電池（thin film PV）則緊跟在後。

矽晶（crystalline silicon, c-Si）為光伏電池商用材料之首要。其有多種應用類型：單矽晶（single-crystalline or monocrystalline silicon）、多矽晶（multicrystalline or polycrystalline silicon）、帶（ribbon）與片（sheet）矽及薄層矽（thin-layer silicon）。圖 6.11 當中本書作者所持，為夾在玻璃板當中，每一個電池單元 66W 的單晶 PV 板。

多晶矽

多晶矽主要由小單晶矽所組成。太陽能電池矽晶圓（wafers）可從好幾種不同的方法從多晶矽製作成。多晶太陽電能池雖然製作較單晶的簡單且便宜，電效率卻較低。但經過製程上的改進，讓光線可深深穿透到每個顆粒當中，其效率可大大提高。諸如此類的改進，已可讓商業化多晶 PV 模組效率超過 **14%**。

矽帶與矽片

矽帶與矽片（silicon ribbons and sheets）這種作法，會從矽鎔融（silicon melt）當中抽出將多晶矽製作成帶或片。

薄膜 PV

薄膜光伏電池採用一層層僅數微米（μm）厚的半導體材料，貼在一些不貴的像是玻璃、彈性塑膠或不鏽鋼等材料上。用於薄膜的半導體材料包括：非晶體矽、硒化銅銦（copper indium diselenide, CIS）及碲化鎘。非晶體矽沒有晶體結構，曝露在光下會因 Staebler-Wronski 效應，而逐漸減損。表面與氫作用有助於降低此效應。由於薄膜所需要的半導體材料量，遠低於傳統光伏電池所需要的，薄膜的製造成本也因此遠低於矽晶太陽能電池的。

圖6.11　單晶 PV 板矽晶（作者手持）

其它最新 PV 技術

　　其它最新 PV 技術包括像是矽球（silicon spheres）、光電化學電池（photoelectrochemical cells）、第三代 PV 電池（"third generation" PV cells）及高效率多介面裝置等。

　　其中高效率多介面裝置堆（high-efficiency multijunction devices stack）將太陽能電池一個堆在一個上面，以將擷取和轉換的太陽能最大化。最頂的一層可擷取到具最高能量的光，然後將剩餘的傳遞到下層來吸收。這領域很多用的是砷化鎵及其合金，也有用 a-Si、CIS 及磷化銦鎵（gallium indium phosphide, GaInP）的。雖然已製造出雙界面電池（two-junction cells），大部分研究都著眼於三介面（thyristor）及四介面裝置等，使用例如 Ge 等材料，以擷取最低階的最低能的陽光。

Unit **6-6**
太陽光電最大功效探討（1）

要讓一套完整的 PV 系統能很有效率的發出電，並傳輸到最終使用者手上，進而發揮最大功效，還需取決於好幾個考慮因子和銜接技術。這些要素包括：

> 最佳的朝向陽光架設結構。

> 同時能處理所發出的電，和用各種方式聯結到一個或不只一個，最終使用者手上的技術。

在光伏業界，這些要素稱作系統的平衡元件，主要因為它們的角色在於為光伏板和其現場的最終用途之間進行搭配。

能獲致最大效率的陣列安裝

在一建築物上安裝一光伏陣列的最主要的一項考量，不外在所預備架設該系統的地方，究竟能提供多少太陽能。

效率

本來太陽的能量當中，就不是全部都可有效發出電來，更何況實際上，PV 電池的材料還會將泰半太陽能吸收或反射掉。因此，一般商業用太陽電池的效率約為 15%，也就是說打到電池上的陽光大約也只有六分之一能夠發出電來。所以提升太陽電池的效率，便成了 PV 業界的重大目標。圖 6.12 所示，由左至右分別為 2002 年至 2018 年間，住家宅與非住家 PV 的安裝價格趨勢。

由於太陽電池在各板內互相連接，而同時板與板間亦彼此相連，所以當有任何樹蔭或其它建築的陰影，落在任何一個電池或一片板子上，都會大大降低整個系統的效率。這也是為什麼我們所看到的大多數太陽能陣列都是安裝在屋頂上。因為只有如此，一整天下來的太陽能才不致受到任何阻擋。

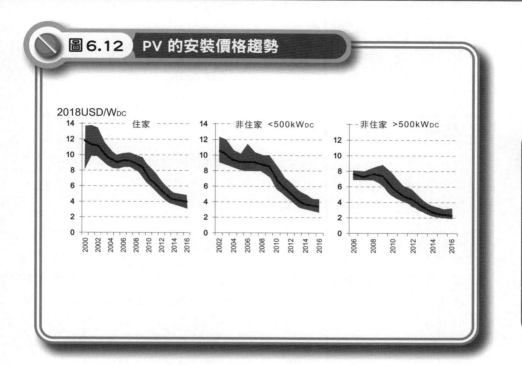

圖6.12 PV 的安裝價格趨勢

2018USD/W_DC

住家

非住家 <500kW_DC

非住家 >500kW_DC

109

　　安裝 PV 的第二考量便是架設陣列的角度。首先要提醒的是，在一整天當中或在全世界各個不同地方，太陽能並不是以相同角度抵達的。位於北半球，夏日陽光幾乎是在頭頂上。不過，當到了冬天，太陽就斜掉了，太陽變得朝向南邊以較低空的路徑照過來，以致太陽僅能以一較小的銳角抵達地球表面。

　　為了讓太陽能角度涵蓋的廣些，一般在架設光伏系統時，都會採取一個同時能適應夏季「高懸」的太陽和冬季「低垂」太陽，好讓一整年下來能維持最大效率的角度。

　　有一個值得遵守的基本準則是，在某特定位置裝設光伏板，只要採取架設傾斜角度等於所在地緯度，也就可獲致最能配合太陽角度的效果。比如說，在北緯 25 度的台北某處架設光伏系統，以從南向傾斜 25 度最為理想。

Unit **6-7**
太陽光電最大功效探討（2）

柱架

柱子架設（pole mounting）與架子架設的情形類似，唯一的差別是，前者僅僅在地上以單根柱子支撐光伏陣列。這類系統最常用於偏遠位置，或者是最佳日照偏偏不能在建築物旁邊的情形。

追蹤結構

顧名思義，追蹤結構（tracking structures）會經年累月的持續追蹤太陽的角度。追蹤結構有兩種類型：單軸與雙軸（one-axis & two-axis）。單軸的仍須以 42 度角朝南架設，可由東至西追蹤天空中的太陽。雙軸追蹤器則除了追蹤太陽每天的行徑外，也會追蹤其在一年當中行徑的變化。

從陣列到負載間的連接

圖 6.13 所示為典型從光伏系統到負載的連接情形。由於光伏技術靠的是陽光，其所產生的能量，也就隨著能夠供應的太陽能量而改變。為能確保在需要時，光伏系統都能供電，便少不了可以暫存電力以備不時之需，或者是聯接到有像是當地電力公司等替代電力來源建築的一些額外裝置。

如果光伏系統的電力形式與所聯接建築的不同，情況就變得複雜了。光伏電力系統的電是直流電（DC），而一般建築則都依賴交流電（AC）。所以為了讓光伏電力可用起見，便須將直流電轉換成交流電，並須依不同聯接建築的情況加以調整。

調整 PV 系統與其負載之間關係的方法有好幾種。最單純的便是直接聯接，也就是直接以直流電聯到負載。這類系統很適合用在像是打水的泵和通風風扇等小型日間用途。但也由於前述一些複雜的實際狀況，大多數應用都還需加上一些額外裝置。

圖6.13 從光伏系統到負載的連接情形

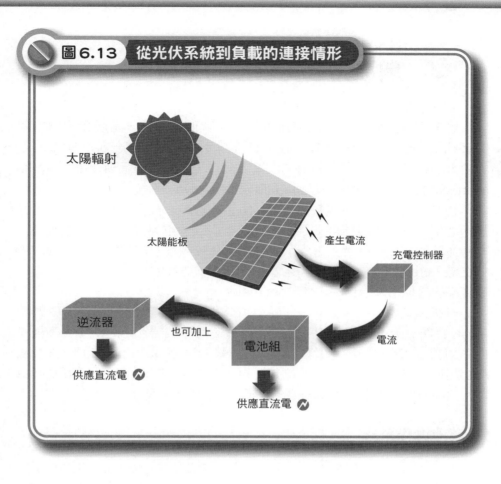

Unit **6-8**
與電力公司聯接的系統

愈來愈多，而也正是最符合實際的光伏使用情況，是聯接到原本就由當地電力公司供電的建築。在如此安排下的建築，其一部分數量的電力由光伏系統供應，剩下的則來自電力公司。這類安排又稱作聯網（grid-connected）或是電力公司互動（utility-interactive）系統。

在夜間，當光伏系統暫停運轉，電全來自電力公司。到了白天，尤其是剛過中午，光伏系統可滿足大部分甚至全部的電力需求。在此情形下，有些多餘的電還可回饋到電力公司，從中在該建築的電費帳單當中獲取績效點數（credits），最後還從所產生的額外電力當中賺錢。在有些地方已經實施的這種措施稱作淨電表（net metering）。

聯接到電力公司系統並不需要用到很多額外的零件，不過從 DC 轉成 AC 的裝置卻是不可或缺的。此裝置稱為逆流轉換器（inverter），其從光伏系統接收 DC 電流，接著在饋入配電盤（distribution panel）時轉換成 AC 電流。此配電盤將來自光伏的電和來自電力公司的電結合，再配送到負載。如果是採用淨電表的情況，在系統中還須接上一個特殊的電表。

電池儲存系統

在沒有與電力公司聯接的情況下，可利用蓄電池儲存系統如圖 6.14 所示。在此安排下，所有光伏系統所發出的電都饋入一個電池，接著如果要用，就由此傳輸出去，若不用則儲存在其中。

電瓶系統還需要一個稱作充電調整器（charge controller）的元件，來調整來自光伏陣列的電的品質，再存到電池當中。這個充電調整器，可同時用來將電傳送到電池及另一分開的 DC 用電負載。

混合系統

混合系統（hybridsystem）用得較少，但還是可用來確保連續供電。很常見的一種混合系統，是將光伏與風或是汽／柴油引擎結合，而也可聯接到電力公司，來滿足其餘還需要的電力。

這類配置使用的組成和電瓶的相同，只不過另外加上一整流器，作動方式和前述轉換器剛好相反。其將來自電力公司或其它搭配的 AC 電力來源，先轉換成 DC 電流，再饋入電瓶中。而此電瓶及其它裝置則在此扮演

前述電池儲存系統的角色。當然，來自電力公司的電也可作為備用電力，直接供應給用戶。

系統平衡元件

系統平衡（balance of system, BOS）元件可包括架設結構、追日裝置、電瓶、電力電子元件等裝置。PV 在全球的加速成長，有一部分應歸功於這些相關技術上的加速發展。

過去在 PV 系統中，須分別安裝掌管安全、控制及通信的裝置。如今這些功能已緊密整合為一。這些受監控的保險絲、突波保護電路及 DC 主開關等裝置，如今都整合在一機盒當中，即插即用，而得以很輕易裝接妥當、啟動、接著運轉。

圖6.14 電池儲存系統

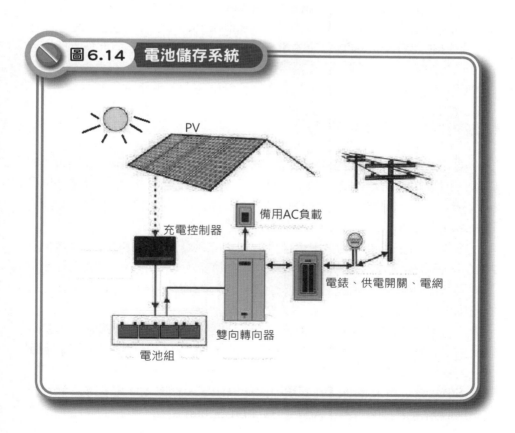

PV

充電控制器

備用AC負載

雙向轉向器

電池組

電錶、供電開關、電網

Unit 6-9
太陽光電相關議題（1）

先進的太陽能電池

在太陽能市場轉趨樂觀之際，新世代的太陽能技術也更加受到矚目。最近加拿大多倫多大學（University of Toronto）公布了採用名為膠體量子點（colloidal quantum dot）的太陽能電池材料。這新的膠體量子點不會黏上空氣，在戶外仍能維持穩定。如此一來，PV 板吸收的輻射光大幅提高，轉換陽光的效率可提高達 8%。

染料敏化太陽能電池（dye-sensitized solar cells）採用一染料浸漬（dye-impregnated）的二氧化鈦層（titanium dioxide）來產生電壓，而不像一般用在大多數太陽能電池的半導體材料。其餘較為先進的還包括複合材料（或塑膠）太陽能電池（其中可能包含稱作 fullerences 的大型碳分子，以及可在有陽光的情況下直接從水產生氫的光電化學電池。

成長中的世界 PV 市場

近年來太陽能發電發展驚人，在 2017 年全世界太陽能增加近 100 GW，所增加的發電容量，比起所有化石燃料加上核能的增加量還多。圖 6.15 所示，為全球 PV 需求成長趨勢。圖 6.16 所示為 2019 年各主要國太陽光電國家在世界總容量當中所占百分比。

全世界過去十年內的總 PV 容量增加逾 4,300%。亞太地區的太陽能在 2016 年居世界之首，如今更占超過全球發電容量一半以上。中國大陸目前占世界太陽能發電容量近三分之一，美國與日本緊跟在後。歐洲雖為太陽能先驅，如今居次，累積容量占比滑落至 28%。

未來亞太和中亞地區的太陽能需求，將會來自大型地面電站的廣泛使用。到了 2017 年，地面型的安裝數量，將會占亞太和中亞地區太陽能發電總量的 64%。從 2013 到 2017 年，泰國、馬來西亞、菲律賓、印尼和台灣，分食 50% 亞太和中亞地區的累積太陽能需求。短期的太陽能需求，將會來自先前收購電價補貼方案（Adder Support Scheme）的專案儲備。

圖 6.15 全球 PV 需求預測

2022年全球PV裝置容量預測
GW

其餘
非洲
中南美洲
北美與加
勒比海
其餘亞
洲國家
印度
中國
大陸
歐洲

18　29　31　41　45　56　75　99　108　118　144　183　228　236　241　252　266　277　292　312　334

2010 2011 2012 2013 2014 2015 2016 2017 2018 2019 2020 2021 2022 2023 2024 2025 2026 2027 2028 2029 2030

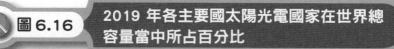

圖 6.16 2019 年各主要國太陽光電國家在世界總容量當中所占百分比

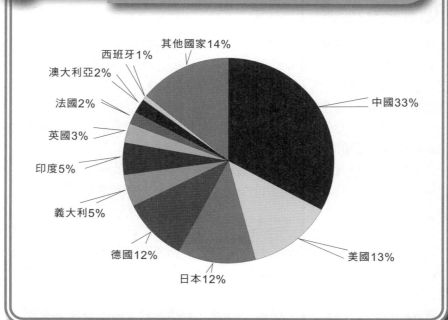

其他國家14%

西班牙1%

澳大利亞2%

法國2%

英國3%

印度5%

義大利5%

德國12%

日本12%

美國13%

中國33%

Unit **6-10**
太陽光電相關議題（2）

圖解再生能源

PV 對環境的衝擊及其安全

　　製作 PV 矽對環境的衝擊可謂相當微小，除了工廠當中的偶發重大事故以外。大多數 PV 電池的基本材料—矽，本質上是無害的。不過仍有一些 PV 模組在製作過程中，會用上一些毒性化學品。鎘明顯是用於製作 CdTe 模組的材料。目前在製作 CIS 和 CIGS 模組上會用上少量的鎘，雖然最新的製程已可不用。一如在任何化學製程，在設計和運轉 PV 製作廠的過程當中，必須時時慎重，以確保在事故或不正常運轉當中，產生任何化學品的汙染。

　　此外，即便 PV 陣列的壽命可以相當長，但終究會面臨使用壽限，而必須妥善處置或者最好能回收。歐盟已具備 PV 模組回收法規草案，而有些廠商也已進行回收其 PV 模組，其材料亦可重複使用。此不僅有利於環境並可降低生產成本。

116

與能源整合在一起

　　終究只要是像 PV 這類輸出變動的容量在整體電網當中所占比例還小（大多研究建議 10 至 20% 之間），其輸出波動也就不致於構成大問題。然而，在未來如果有另一項再生能源，例如風力，也加入發電組合當中，且合起來的發電容量占超過 20% 的整體供電比率，則該發電組合就必須加入較大比率的，能「快速應變」的像是水力或燃氣渦輪機等發電廠，並增加短期儲存及備轉容量（spinning reserve）。

　　太陽能發電畢竟屬間斷能源，發出來的電若不能及時使用，便可能白白耗掉。因此如何將從 PV 發出的電儲存起來，以備後續需要時使用，一直是很重要的議題。

　　這正是近來，利用氫作為能源儲存與輸送的介質，突然引發高度興趣的主因之一。氫可利用 PV 或其它再生能源所發出的電，電解水而獲得。此扮演媒介角色的氫，可儲存起來，運送到任何用得到的地方，再透過燃料電池轉換回到電。

　　2012 年 6 月 5 日，瑞士精神科醫師皮卡德駕駛太陽能推動的實驗飛機「太陽動力號」（Solar Impulse），從西班牙首都馬德里起飛，展開跨洲

首航。他以 8,500 公尺高度飛越直布羅陀海峽，飛抵北非的摩洛哥首都拉巴特，全程超過 2,500 公里，為人類太陽能飛行樹立里程碑。

接著皮卡德醫師駕駛「太陽動力 2 號」（Solar Impulse 2）於 2015 年 3 月 9 日，從阿拉伯聯合大公國的阿布達比起飛，展開環球飛行。途中因電池過熱受損修理等理由，最後經於 2016 年 7 月 26 日，飛回阿布達比，完成僅依賴太陽能，近 42,000 公里的環球飛翔壯舉。

太陽動力一號是一架單座飛機，兩翼長 63 公尺，共鋪設 12,000 片太陽能 PV 板，配備了四具，由總重 400 公斤的鋰電池驅動的發動機。她不添加燃料日夜悄然無聲持續飛行，最高時速達 70 公里。

圖6.17　太陽能飛機寫歷史

筆 記 欄

第 **7** 章
海洋的動能與位能——
波浪、潮汐、海流

⋯⋯⋯⋯⋯⋯ 章節體系架構 ▼

所有的海洋能，除了攔潮壩（tidal barrage）之外，都僅處於研發
階段，或是在商業化之前的雛型與展示階段。儘管如此，理論
上海洋能源存在著，遠超過人類需求的潛力。海洋能技術，在
於利用海水的動能，或是擷取其化學與熱的潛能。

Unit 7-1　波能

Unit 7-2　波能發電技術

Unit 7-3　波能轉換裝置（1）

Unit 7-4　波能轉換裝置（2）

Unit 7-5　波能技術研發現況

Unit 7-6　潮汐能與海流能

Unit 7-7　潮汐發電原理（1）

Unit 7-8　潮汐發電原理（2）

Unit 7-9　海流發電

Unit 7-1
波能

　　台灣海岸，尤其是西海岸，沿線堆滿工程浩大、所費不貲的消波塊和防波堤，專用來化解、抵擋海浪，但迄今卻仍無任何能用來擷取此能量的波浪能設施。

　　若你有機會來到海邊，看著滔天巨浪（圖 7.1），應該不難想到當中所蘊藏著的無窮能量。然而，儘管早在 200 年前便已有了一些有關波浪能（wave energy）的觀念，但也直到 1970 年代才逐漸成型。迄今，世界上一些波浪能量豐沛和像是離島等，傳統能源昂貴的地方，波能已相當具競爭力。

圖 7.1　蘊藏著無窮能量的滔天巨浪

波力里程碑

從海洋波浪當中擷取能量的概念由來已久。早在 1799 年，便有人正式提出波浪能轉換器（wave energy converter, WEC）的專利案，接下來在 20 世紀末之前，和波能轉換相關的專利便已有好幾百件。1970 至 1980 年間的波浪能研發熱潮，起因於 1973 年的石油危機所反映出的，對化石燃料在空間與時間上分配不均的警覺性。

世界能源協會（World Energy Council）估計，全世界波能資源可達 2 TW，相當於每年可提供 17,500 TWh 的能源。表 7.1 當中所列為截至 2016 年底，全世界波能轉換裝置發展情況。值得注意的是，表上所列出的 WEC 裝置都尚未進入商業化階段，一些尚處雛型設計或概念階段的 WEC，並未納入。

 表 7.1　世界波能轉換裝置 kW 數

國家	已提計畫	已裝設	已運轉	總共
加拿大	0	0	11	11
紐西蘭	0	20	0	20
丹麥	39	12	1	52
義大利	0	150	0	150
墨西哥	200	0	0	200
迦納	0	0	450	450
西班牙	0	230	296	526
南韓	0	0	665	665
中國大陸	0	400	300	700
葡萄牙	350	0	400	750
美國	1,335	500	30	1,865
瑞典	0	0	3,200	3,200
愛爾蘭	5,000	0	0	5,000

波能資源

　　圖 7.2 所示，為全球波浪能分布情形，圖中標示顏色愈深的，所蘊藏波浪能量愈高。具最高能源的波浪，集中在 40° 與 60° 緯度南北範圍之間的西海岸，最高在大西洋愛爾蘭西南、南大洋及合恩角（Cape Horn）外海。

圖 7.2　全球波能分布情形

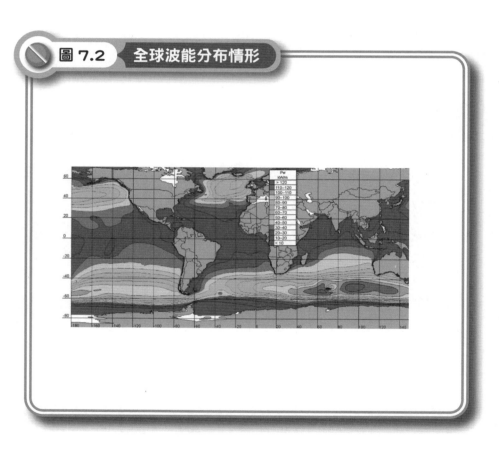

筆　記　欄

Unit **7-2**
波能發電技術

圖
解
再
生
能
源

　　波浪由風、日月引力、大氣壓力變化、地震等幾個不同力道所形成。其中以風所造成的波浪最常見。風和海面的互動過程主要有三，其中的確切機制相當複雜，時至今日仍無法完全了解：

| **首先** | 空氣流過水面時帶來一股切線應力，導致波浪增長成型。 |

| **接著** | 接近水面的空氣擾流，形成急劇變化的剪應力和壓力波動。在這些震盪當中，一旦有和既有的波浪同步的，隨即產生進一步波浪的發展。 |

124

| **最後** | 當波浪達到一定大小時，風加在波浪上風面的力道跟著增強，隨即造成了更大波浪的成長。 |

　　至於任何風場所產生波浪的大小，則取決於三項因素：風速、其歷時及其推展距離（fetch），亦即風能傳遞到海洋而形成波浪所經過的距離。

波能發電技術

　　圖 7.3 所示，為用以擷取波浪能的海岸結構。波浪發電是以發電裝置將波浪的動能轉換成電能。為了有效吸收波能，波浪發電裝置的運轉型式，完全依據波浪之上下振動特性設計，利用穩定運動機制擷取波浪動能，用來發電。

　　從海洋當中擷取波浪能，主要靠的是攔截波浪的結構體，對來自波浪的力道作出適當的反應。再來，既然要將波浪能轉換成為有用的機械能，進而用它來發電，關鍵便在於位於中央的一個穩定結構體當中，有一些會在受到波浪的力道時，跟著運動的部分。

　　其主要結構，可下錨固定在海底或海岸，有些部分可隨波浪的力道而運動。當然結構體也可以是浮於水面的，但還是要有個穩定的外框，好讓活動部分與該主結構體之間，隨著波浪進行相對運動。

波能轉換器的結構體大小，是決定其性能的關鍵因素。其可依位置分類為：

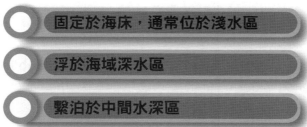

- 固定於海床，通常位於淺水區
- 浮於海域深水區
- 繫泊於中間水深區

波能轉換器亦可依形狀和座向區分為：

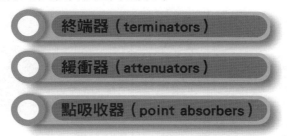

- 終端器（terminators）
- 緩衝器（attenuators）
- 點吸收器（point absorbers）

　　終端器裝置的主軸與入射波前鋒平行，因而可攔截波浪。至於緩衝器的主軸則是與入射波前鋒垂直，因而當波浪經過它時，會逐漸被吸向該裝置。點吸收器靠的也是將波浪吸入的裝置，只不過其大小相對於入射波長要小。

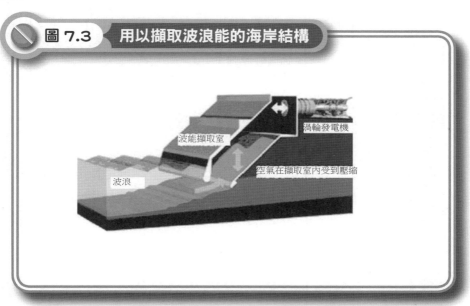

圖 7.3　用以擷取波浪能的海岸結構

渦輪發電機

波能擷取室

空氣在擷取室內受到壓縮

波浪

Unit **7-3**
波能轉換裝置（1）

圖解再生能源

　　波浪能可按能量擷取和轉換方式分成：衝動（surge）式裝置、振盪水柱（oscillating water column, OWC）、起伏（heaving）浮標、縱搖（pitching）浮標及起伏和縱搖浮標及起伏和衝動裝置。表 7.2 摘列一些波浪能系統名稱、國家及所採用的能量轉換方式。圖 7.4 所示，為幾種目前已設置的主要波能擷取裝置。

表 7.2　波浪能所採用的能量轉換方式、基本原理及國家實例

能量轉換方式	基本原理	實例
衝動式裝置	利用波浪的向前水平分力	·挪威—漸縮水槽 ·日本—動式裝置 ·英國—海蛤
振水柱	利用波浪的脈動變換	·澳洲—海王星系統，液壓系統兼作 RO 海水淡化 ·挪威—多動振 OWC
起伏浮標	利用小型浮體的垂直運動	·丹麥—KN 系統 ·瑞典—軟管泵
縱搖浮標	利用迴轉泵的縱搖所產生的力矩	·英國—點頭鴨
起伏和縱搖浮標	利用浮體的起伏和縱搖運動	·加拿大—波能模件 ·美國—隨波筏鏈
起伏和衝動裝置	利用起伏運動與衝動以泵送水	·英國—Bristol cylinder

圖 7.4 波能擷取裝置

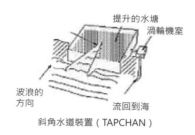

提升的水塘
渦輪機室
波浪的方向
流回到海

斜角水道裝置（TAPCHAN）

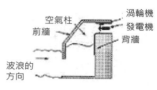

空氣柱
前牆
渦輪機
發電機
背牆
波浪的方向

擺盪水柱（OWC）

液壓泵
衝動波浪
鐘擺

浮子
軟管泵
受壓海水流至發電站
反作用板
繫泊

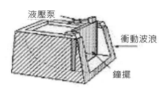

圖 7.5 OWC 裝置作動原理

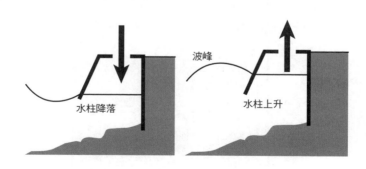

波峰
水柱降落
水柱上升

OWC

　　圖 7.5 所示為 OWC 波能擷取裝置的作動原理。OWC 由一部分浸在水中的混凝土或鋼材結構體組成。其水線下有一面海開口，因而在水柱上方形成一空氣柱。當波浪打向該裝置時，會造成水柱先是上揚接著落下，等於交互的壓縮與擴張了空氣柱。該空氣透過一渦輪機時而流向、時而流出，而得以驅動發電機。全世界裝設的這種裝置不少，其中不乏兼作破浪消能，以降低整體建造成本的。

Tapchan

　　圖 7.6 所示為 Tapchan 波能擷取裝置的作動原理。Tapchan 由一漸縮的水道所組成，其牆一般高過平均水面 3 至 5 公尺。當波浪從其寬擴端進入水道而侵入水道狹窄端，波隨即升高而得以越過牆進入「水庫」，如此為其中的一部傳統低水頭渦輪機，提供了穩定的水源位能。

128

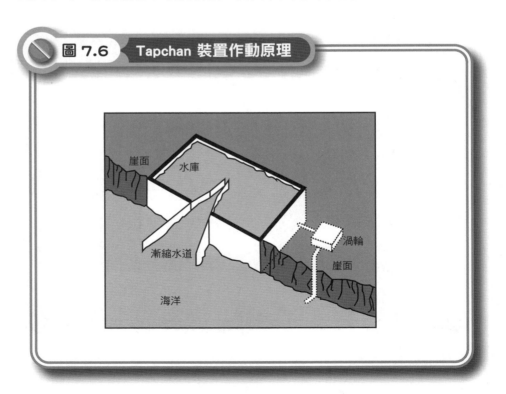

圖 7.6 Tapchan 裝置作動原理

筆 記 欄

Unit **7-4** 波能轉換裝置（2）

鐘擺裝置

鐘擺裝置（圖 7.4 左下）是由一開口朝向海的方形箱子所組成。在此開口上端以絞鍊懸掛著鐘擺型板子，順著波浪的動作，前後搖擺。搖擺的動作則可進一步驅動液壓泵及發電機。全世界只有小型的這類裝置。

漂浮裝置

目前的漂浮波能轉換裝置有英國的圖 7.7 的鴨子（Duck）、圖 7.8 的蛤仔（Clam）及圖 7.9 的海蛇（Pelamis），漂浮的 OWC 像是如圖 7.10 所示的日本後彎通道浮筒（Backward Bent Duct Buoy, BBDB），和瑞典的漂浮傾斜水道稱為漂浮波力船（Floating Wave Power Vessels, FWPV）。丹麥有 BBDB 和 FWPV 二型，分別稱為天鵝（Swan DK3）及波龍（Wave Dragon）。這些裝置比起固定的岸邊裝置，所能擷取到的波浪能要來得大。因為一來，在海域的波力密度本來就比在淺水區的要來得大，加上裝設此類裝置的尺寸幾乎不會受到限制使然。

130

圖 **7.7** 鴨子波能轉換裝置示意

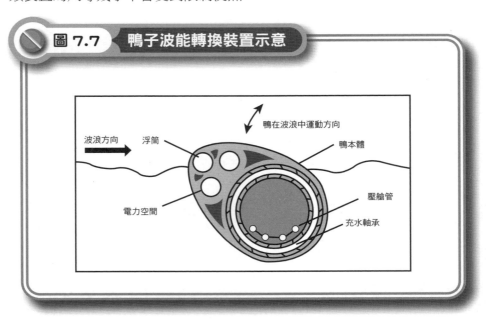

圖 7.8　　蛤仔波能轉換裝置示意

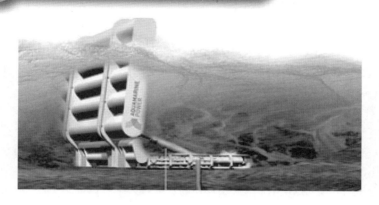

 圖 7.9　　實際在海域當中展開的 Pelamis

圖 7.10　　通道浮筒波能轉換裝置示意

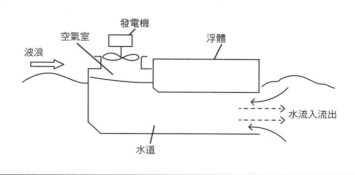

Unit **7-5**
波能技術研發現況

　　沿岸型波能裝置技術已臻成熟。目前已設置的主要裝置當中，有些 OWC 裝置已近發展末期，而有好幾個幾近全尺規場，已裝設完成，預計近幾年便可望達到商業運轉狀態。

　　如圖 7.11 所示的 Pelamis，為由鉸鏈連結成的一系列中空柱段。當波浪從裝置長條下方衝入並作動其聯結處時，在聯結當中的各個液壓缸將液壓油泵送，進而透過一能量緩衝系統，以驅動一液壓馬達而發出電，接著再透過一共用的海底電纜，傳輸到岸上。

　　澳大利亞 Energetech 所開發出的雙向渦輪機，據稱比起井式渦輪機的效率尤有過之。丹麥的 Waveplane 是一個契形結構，可將進來的波浪引入到一螺旋槽內，而產生足以驅動一渦輪機的漩渦。另一個名為波龍（Wave Dragon）的漂浮裝置，是一對弧形反射器，用來收集波浪越過一個前端隆起的的槽，讓水從此處釋入一部小水頭渦輪機。美國 OPT 公司，利用壓電（piezo-electric）複合材料，在受到機械變形時，便可直接發出電來。

　　從前面的實例可了解，波浪能在技術上的前景，隨著各種不同技術與裝置陸續推出，而愈加具有活力。很顯然，這些裝置的型式會繼續不斷創新，而足以鼓舞追求長遠未來的目標。

　　目前波浪能的研發有許多相關議題，包括：

- ■ 繫泊—連線與接頭的長期疲勞，

- ■ 繫泊與纜線快速釋放與重接的標準連結器，

- ■ 標準彈性電氣連接器，

- ■ 纜線生產、建造及海域佈設成本降低，

- ■ 多重波浪能裝置陣列模擬，

- 同步波浪行為預測，

- 液壓系統用的對環境可不造成傷害的流體，

- 直接驅動發電機，

- 電力穩定系統，及

- 電力儲存技術與裝置。

　　無疑的，在研發上儘可能擴大國際合作可使整體獲益。接下來仍有許多改進空間，包括以更多機制，讓國際波浪能圈子更加緊密合作，以避免重複與浪費。

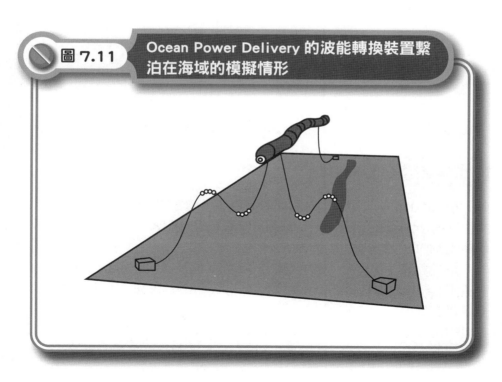

圖 7.11 Ocean Power Delivery 的波能轉換裝置繫泊在海域的模擬情形

Unit **7-6**
潮汐能與海流能

圖解再生能源

　　海洋的潮起潮落，象徵著大自然當中另一項龐大且生生不息的能量。人類利用潮汐能源由來已久。時至近代，同樣的概念才應用在大規模利用潮汐來發電。世界上最有名的位於法國的 La Rance 計畫，便是在河口築一道長長的水閘，透過裝在水閘當中的球型渦輪機發電。

潮水力與能

　　潮汐發電利用的是，因為小部分月亮及大部分太陽的地心引力，對地球海洋的影響，造成海水水位每天兩次的變動。圖 7.12 所示，為密度 ρ、潮差為 H 的潮汐所蘊藏的能量與在週期 T 內的力量。式中 A 為潮池的平均斷面積，g 為重力常數，潮能與潮力分別為：

134

理想的潮能　　$= \rho g \overline{A} H^2$

理想的潮力　　$= \dfrac{\rho g \overline{A} H^2}{T}$

世界各國的潮汐發電

　　根據 2015 年的報告，南韓潮汐發電容量達 511MW，領先全球，其次是法國的 246MW，英國的 139MW、加拿大的 40MW、比利時的 20MW、中國 12MW，及瑞典大約 11MW。

　　全世界最早運轉的大規模潮汐發電廠（tidal power plant, TPP），位於法國 La Rance, Brittany（240 MW），其啟用於 1966 年，配備 24 個球型渦輪發電機直徑 5.35 公尺，額定發電 10MW。2004 年中國政府與美國在紐約簽署了一項設於鴨綠江口的 300 MW 潮池合作同意書，為全世界最大的潮電計畫。表 7.3 所列為世界各國所具有的潮能資源潛力。

圖 7.12　潮汐所蘊藏的能量

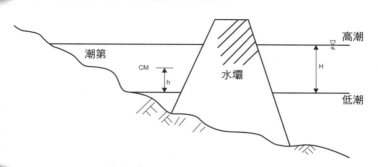

 表 7.3　全世界潮能資源

國家	場址	平均潮差（m）	潮池面積（km²）	最大發電容量（MW）
阿根廷	San Jose	5.9	-	6,800
澳洲	Secure Bay	10.9	-	-
加拿大	Cobequid	12.4	240	5,338
	Cumberland	10.9	90	1,400
	Shepody	10.0	115	1,800
印度	Kutch	5.3	170	900
	Cambay	6.8	1970	7,000
韓國	Garolim	4.7	100	480
	Cheonsu	4.5	-	-
墨西哥	Rio Colorado	6-7	-	-
	Tiburon	-	-	-
英國	Severn	7.8	450	8,640
	Mersey	6.5	61	700
	Strangford Lough	-	-	-
	Conwy	5.2	5.5	33
美國	Passamaquoddy Bay	5.5	-	-
	Knik Arm	7.5	-	2,900
	Turnagain Arm	7.5	-	6,501

Unit **7-7**
潮汐發電原理（1）

　　潮汐當中蘊藏著水的位能一旦釋出，可透過水輪機轉換成動能，進而發電，一如內陸水庫的水力發電。如圖 7.13 所示潮汐發電系統，便是利用此一位能轉換而獲得電能的作法。通常在海灣或河口地區圍築蓄水池，在圍堤適當地點另築可供海水流通的可控制閘門，並於閘門處設置水輪發電機，漲潮時海水便會經由閘門流進蓄水池，推動水輪機發電；等到退潮時海水亦經閘門流出，再次推動水輪機發電。如此雙向水流發電裝置，是目前潮汐發電的主要應用方式。

　　台灣沿海的潮汐，最大潮差發生在金門與馬祖這些外島，潮差約可達到 5 公尺，其次為新竹南寮以南、彰化王功以北一帶的西部海岸，平均潮差約 3.5 公尺。

　　一套潮汐發電系統究竟可供應多少住家用電，可透過以下簡單計算進行初步預估：假設某渦輪機額定值為 10 MW，若有 24 部渦輪機，其總容量為 240 MW。如此一年最多可 = 240,000 kW × 8,760 小時 =

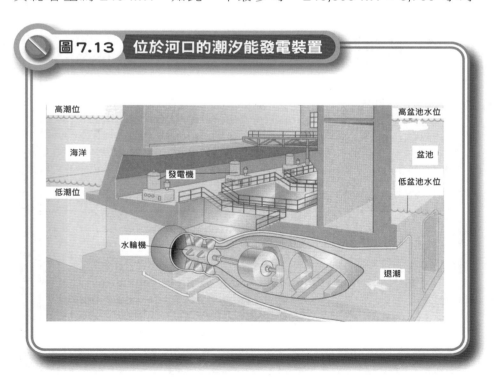

圖7.13 位於河口的潮汐能發電裝置

高潮位
海洋
發電機
低潮位
水輪機
高盆池水位
盆池
低盆池水位
退潮

2,102,400,000 kWh（度電）。

　　只不過，潮汐能和其它形式的再生能源一樣，並不能自始至終百分之百穩定發電。所以還需用到容量因子（**CF**），也就是最大值的百分比，來估算一年當中實際所能發出的電力。在此估算實例當中若採用 **CF** 為 40%，則估計每年發的電為：2,102,400,000 × 40% = 840,960,000 kWh。

　　接下來若要估計可供應多少住家用電，則須知道平均每戶耗電多少。假設住家平均每年耗電 4,000 度，則可供應戶數為 840,960,000/4,000 = 210,240。

潮壩用渦輪機

　　用於潮壩發電的渦輪機有幾種不同的型式。例如，法國的 La Rance 潮汐發電廠用的的球型渦輪機（圖 7.14）。在此系統當中，水會持續在渦輪機周遭流過，而使維修變得很困難。圈型渦輪機（rim turbines）（圖 7.15），這類問題就小得多。其將發電機與渦輪機的葉輪垂直，架在壩內。在管型渦輪機當中（tubular turbines）（圖 7.16），葉輪與軸相接，如此

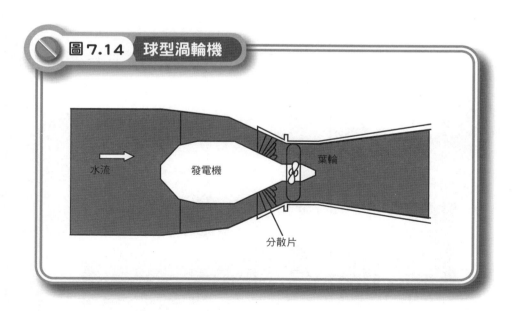

圖 7.14　球型渦輪機

水流　　　發電機　　　葉輪

分散片

圖 7.15 圈型渦輪機

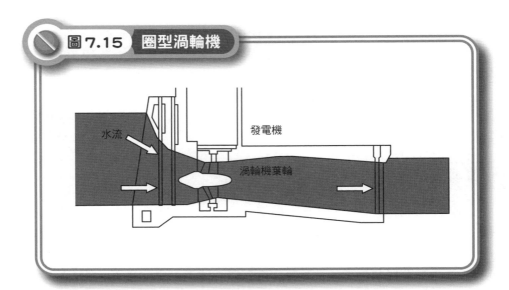

水流

發電機

渦輪機葉輪

圖 7.16 管型渦輪機

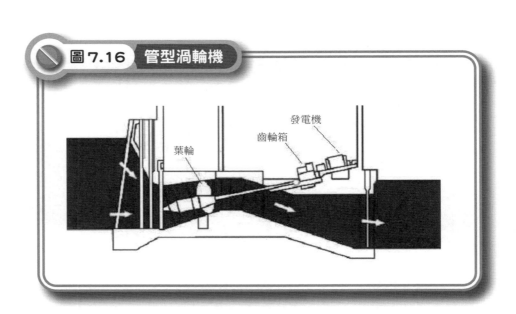

葉輪

發電機

齒輪箱

筆　記　欄

Unit **7-8**
潮汐發電原理（2）

發電機可架設在壩頂上，使保養維修工作相對地容易許多。

潮籬

　　潮籬（tidal fence）是由獨立的垂直軸式渦輪機，架設在圍籬式結構體所組成，如圖 7.17 所示。此潮籬若攔河口架設，在環境上勢將形成一大障礙。然而在 1990 年代，一些在架設在小島之間或大陸與離島之間水道的潮籬，仍被考慮接受，作為用來大量發電的選項之一。

　　潮籬的一大優點，是其所有的電氣設備（發電機與變壓器等），都可設置在水面以上。同時，因其減小了水道的橫斷面，流過渦輪機的水流流速也得以提升。

　　第一座大型商業化潮籬，最有可能建造在東南亞。目前最成熟的計畫位於菲律賓，在 Dalupiri 和 Samar 二島之間，跨越 Dalupiri Passage。菲

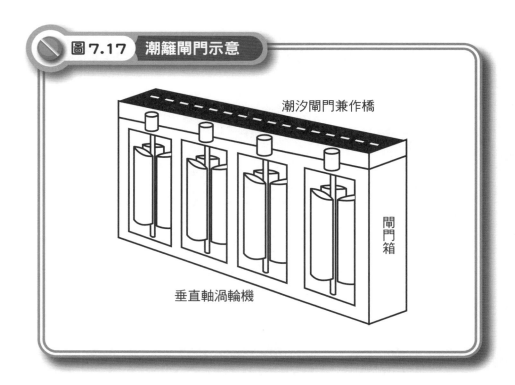

圖7.17　潮籬閘門示意

潮汐閘門兼作橋

閘門箱

垂直軸渦輪機

律賓政府相較於潮壩，潮籬對環境帶來的衝擊會小得多，裝置成本也小得多。潮籬還有一項優點，便是只要初步的模組安裝好即可展開發電，而不像潮壩技術，必須等整體安裝完成才可發電。只不過，潮籬不可或缺的結構，仍會對大型海洋動物和船舶的移動形成阻礙。

潮流渦輪機

　　流水的密度比空氣的高出 832 倍，且潮汐也比起風和太陽更能預期。透過先進的水下渦輪機技術，不難從潮流當中產生相當大的出力。

　　潮流渦輪機看起來一如風機。其在水下排成一列，就如同某些風場一般（圖 7.18）。其優於潮壩與潮籬之處在於：首先其對自然生態造成的傷害較小，其次小船仍能繼續在其附近航行，而且整體所需要的材料也比潮壩和潮籬的少很多。

　　這些渦輪機在海岸水流流速在 3.6 至 4.9 節時運轉狀況最佳。在此流速下的水流當中，一部直徑 15 公尺的潮電渦輪機所產生的能量，相當於一部直徑 60 公尺的風機所能產生的。潮汐渦輪機的理想水深為 20 至 30 公尺。

圖7.18　藝術家心目中架設在海床上的軸流式洋流渦輪機

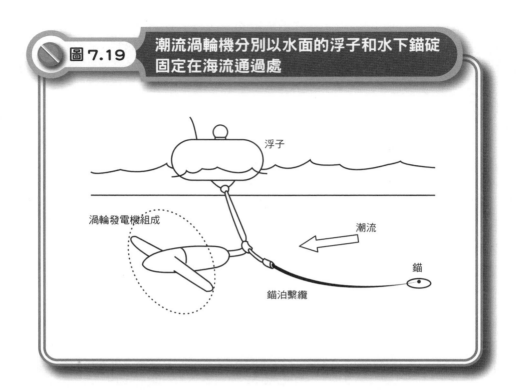

圖7.19　潮流渦輪機分別以水面的浮子和水下錨碇固定在海流通過處

浮子

渦輪發電機組成

潮流

錨

錨泊繫纜

　　挪威 Hammerfest 的實驗性潮汐計畫自 2003 年底開始運轉，其在最大水流流速為 2.5 m/s 的情況下，可達到 300 kW 的發電量。

　　圖 7.19 所示，則為適用於深海，將潮流渦輪機分別以水面的浮體和水下錨碇抓住的設計。

潮塘

　　30 年前，法國在 Rance Estuary 建立世界最大的潮汐發電站。隨後，透過學習 La Rance 發電站所得到的經驗，一些對環境影響較小的潮汐發電技術，逐漸發展出來。

　　除上述潮籬與潮汐渦輪機以外，另一項發展便屬潮塘（tidal lagoons）。如圖 7.20 所示的潮塘為設於海域的新技術，可用來減輕如潮壩等技術，在環境與經濟上的問題。潮塘所採用的，是圍欄結構體及低水頭水力發電設備，設置在離岸一段距離的高潮範圍區域。

圖 7.20 位於澳洲威爾斯天鵝海灣區（Swansea Bay）的潮塘

潮汐發電的限制

　　儘管潮汐發電存在著，因跨越河口而提供了道路與橋樑等優點，但仍有其環境上的缺點。尤其是堤壩的建造，往往使潮汐發電相較於其它再生能源，較不受歡迎。

環境生態衝擊

　　雖然在一個潮汐發電計畫當中，發電渦輪機對於環境造成的衝擊不大，但在河口建造一座攔水堤壩，卻足以對潮池內的水和魚等生態造成相當可觀的影響。例如堤壩的興建，可能導致底泥在潮池當中沉積，對生態系和堤壩的運轉都造成影響。至於在渦輪機的運轉發電過程當中，也會在渦輪機的下游處形成漩渦。若此水平漩渦觸及水底，必將造侵蝕作用。

經濟考量

　　潮汐發電的投資成本雖高，但運轉成本卻很低。儘管如此，潮電可能在好幾年當中都無法回收，投資客也就興趣缺缺。即便擁有財力的政府，也因此意願不高。

Unit **7-9**
海流發電

圖解再生能源

　　海流發電係利用海洋當中海流的動能，推動水輪機發電。這類發電一般於海流流經處設置截流涵洞沉箱，並在當中設一水輪發電機，此可視為一個機組的發電系統，也可視發電需求增加好幾組，在各組之間預留適當之間隔（約 200 至 250 公尺），以避免紊流造成各組間的相互干擾。

　　台灣地區可供開發海流發電應用之海流，以黑潮最具開發潛力。根據九蓮號於民國六十二年利用電磁流速儀，對黑潮所進行的調查研究結果，黑潮流經台灣東側海岸最近處為北緯 23° 附近。

　　過去台灣的黑潮發電構想，利用的是水深約在 200 公尺左右的中層海流，在海中鋪設直徑 40 公尺、長 200 公尺的沉箱，在當中設置一座水輪發電機，成為一海流發電系統模組，輸出約 1.5 至 2 萬瓩。未來可視需要增加機組。目前開發應用的水輪發電機種類甚多，至於針對深海用的水輪發電機，則尚處於研究開發階段。

144

海流發電潛力估算

　　流水的密度比空氣的高出 832 倍，海水流過渦輪機所能提供的動能可表示成：

$$Cp \times 0.5 \times \rho \times A \times V^3$$

其中

Cp = 渦輪機的性能係數

ρ = 水的密度（海水為 1025 kg/m³）

A = 渦輪機葉輪掃過的面積

V = 流速

　　透過先進的水下渦輪機技術，不難從潮流當中產生相當大的出力。加拿大西海岸、直布羅陀海峽，以及東南亞和澳洲等地，都具備這類潛力的天然條件。

圖7.21 世界洋流分布

筆　記　欄

第 8 章

海洋熱能與鹽差能

章節體系架構 ▼

海洋熱能技術分別在世界各地經過研發，遇到的挑戰主要包括
真空度的維持，以及熱交換器的生物汙損與腐蝕等。過程中可
得到的副產品包括氫和鋰等元素，以及提供海水空氣調節等效
益，皆可望提升經濟可行性。淡水與海水混合可釋出能量，其
轉換主要靠的是逆透析和壓力延遲滲透原理。

Unit 8-1
海洋熱能轉換

　　地球表面超過 70% 為海洋，共約 36,300 萬平方公里，是個巨大的太陽能收集兼貯存器。同時，受太陽直接照射的海洋表面和長期光線無法到達的深海之間，始終存在著可觀的溫度差。而海洋表層（約 15 至 28℃）與深層（約 1 至 7℃）之間的溫差，在地球上各處不盡相同。一般在熱帶地區，海洋表層與 1,000 公尺深的海水溫差可達 25℃。

　　圖 8.1 所示，為地球上海水溫度的分布情形。海水的溫度會直接影響海水密度。海水溫度隨著水深而降，而隨著水溫的降低，海水的密度將逐漸增大，直到 -2℃。

　　在一般的日子裡，地球上六千萬平方公里的熱帶海洋，會吸收大約相當於 2,500 億桶石油，所產生熱量的太陽輻射。只要這些儲存的太陽能當中的十分之一能轉換成電力，就能供應美國這個世界超級用電大戶，一天當中總耗電的二十倍。

　　海洋熱能轉換（ocean thermal energy conversion, OTEC），是一種利用地球上海洋當中所儲存的熱能，將太陽輻射轉換成電力的能源技術。OTEC 系統利用的是海洋當中的天然熱梯度（thermal gradient），亦即海洋不同水層間不同的溫度，可用作產生動力的循環。只要是表層暖水和深層冷水間的溫度有大約 20℃的差異，這個 OTEC 系統即可呈現最佳狀態，得以產生相當大量的電力。這種情形存在於熱帶地區，大致上位於南回歸線與北回歸線之間。

　　理論上，只要有溫差存在，即可從中擷取能量，而實際上，海洋當中所貯存的熱能可連續不間斷的利用，這點和潮汐或風能不同。根據一些專家的估計，這發電潛力可達 10^{13} 瓦。除了能量之外，此 OTEC 過程當中的深層冷海水並具備豐富的養分，可用作海岸或陸上栽培海洋動植物等用途。

　　台灣東岸海域海底地形陡峻，離岸不遠處，水深即深達 800 公尺，水溫約 5℃。同時海面適有黑潮流過，表層水溫達 25℃。由於地形及水溫條件俱佳，開發溫差發電的潛力雄厚，理論蘊藏量在 12 海浬領海內達 3,000 萬瓩，若以 200 海浬經濟海域估算，更高達 25,000 萬瓩。台灣電力公司曾於花蓮的和平、樟原和台東的金崙灣進行規劃研究。

圖 8.1　地球上表層與深層海水溫度差的分布情形

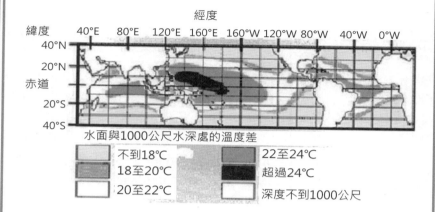

水面與1000公尺水深處的溫度差

	不到18°C		22至24°C
	18至20°C		超過24°C
	20至22°C		深度不到1000公尺

圖 8.2　台灣周圍水深

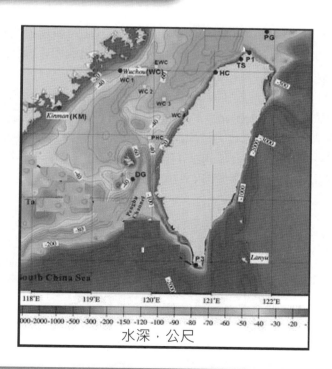

000-2000-1000 -500 -300 -200 -150 -120 -100 -90 -80 -70 -60 -50 -40 -30 -20

水深・公尺

Unit **8-2**
海洋溫差發電

溫差發電工作原理

　　圖 8.3 所示，為設於海上漂浮平台上的一套海洋溫差發電系統。其工作原理與目前使用的火力、核能發電原理類似，首先利用表層海水來蒸發低蒸發溫度的工作流體如氨、丙烷或氟利昂，使它氣化進而推動渦輪發電機發電，然後利用深層冷海水將工作流體冷凝成液態，如此反覆使用。這整個系統由蒸發器（evaporator）、渦輪機（turbine）、發電機（generator）、冷凝器（condenser）、工作流體泵浦（working fluid pump）、表層海水泵浦（surface water pump）等單元所組成。

　　系統當中的蒸發器構造如同一般熱交換器，由管巢或薄板組成。在其中，在 13℃ 至 15℃ 間即告蒸發的液態工作流體，遭遇到引入的 15℃ 至 28℃ 表層海水（或稱為溫海水）。工作流體受到溫海水加熱而沸騰，所產生的蒸氣再經由管路送到渦輪機，驅動之。

　　接下來，從渦輪機排出的蒸氣流進凝結器，在此遭遇到導入的 1℃ 至 7℃ 的深層冷海水，而被冷凝成原來的液體狀態。此液態工作流體再由泵浦重新送回蒸發器。如此週而復始不斷地進行重複循環。只要表層海水與深層海水間存有溫差，即能經由此循環不斷驅動渦輪發電機，產生電力。

　　美國能源部（Department of Energy, DOE）於 1980 年正式建造了發電量 1,000 kWe 的 OTEC-1，這是裝設在一艘由美國海軍油輪所改裝的封閉式循環 OTEC 系統。經由其測試，確認了一套對海洋環境影響微乎其微，裝設在緩慢移動船上的商業規模 OTEC 系統的設計方法。

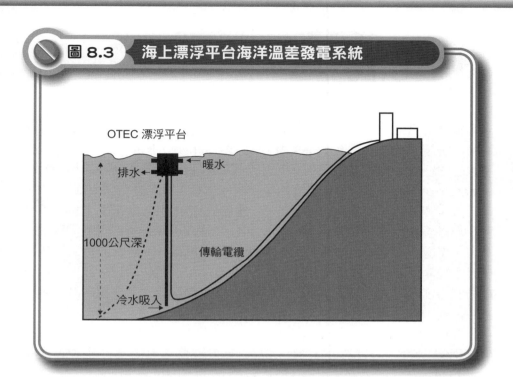

圖 8.3　海上漂浮平台海洋溫差發電系統

OTEC 漂浮平台

排水 ← ← 暖水

1000公尺深

傳輸電纜

冷水吸入

OTEC 的優點可大致歸納如下

1　利用海洋所蘊藏的龐大熱能，取之不盡用之不竭，屬再生能源，

2　運轉不需燃料亦無大氣排放，屬潔淨能源，

3　發電廠可坐落於海岸或海上，土地需求小，

4　可同時作為淡水來源，

5　可產生氫、冷凍、空調、冷藏、藥品等副產品，

6　可利用深層海水中的礦物質、營養鹽、微生物等，兼作養殖、蔬果、休閒觀光等多目標用途。

Unit 8-3
OTEC 沿革

　　雖然 OTEC，似乎在技術上很複雜，它倒並非新科技。早在 1881 年，法國物理學家達森瓦（Jacques Arsene d'Arsonval）便提出從海洋當中擷取熱能的理論。1927 年達森瓦的學生克勞德在古巴哈瓦那附近的瑪丹札斯（Matanzas）海灣進行岸上的海水溫差發電實驗，實際發出 22 瓩的電力。

　　到了 1930 年，克勞德又建立了一座開放性循環的 OTEC 電場，證實利用海洋溫差來產生電是可以做到的。該系統採用的是一部低壓渦輪機。接著，克勞德於 1935 年建了另一座開放式循環電場，這回他將系統設置在巴西海岸外海的一艘萬噸級貨輪上。1940 年克勞德以「自天然水中取得電力的方法及其裝置」的發明專利，獲得法國政府的大力支持，讓計畫一直持續到 1955 年。

　　1965 年，美國的安德森重新對克勞德的 OTEC 電場進行檢討與改進，再度引起人們對 OTEC 的注意。1974 年美國夏威夷的天然能源實驗室（NELHA）在夏威夷群島可納（Kona）外海的 Keahole Point 設立，成為全世界最先進的 Mini-OTEC 技術實驗室和測試設施。接著，美國能源部於 1980 年正式建造了發電量 1,000 kWe 的 OTEC-1，這是裝設在一艘由美國海軍油輪所改裝的封閉式循環 OTEC 系統。

　　日本於 1981 年，在日本東京電力、東電設計公司、東芝及清水建設等企業以及日本政府的資助下，在太平洋的諾魯共合國建造了一座以陸地為基地的 100 kWe 封閉循環電場，提供當地小學電力，首次以 OTEC 作為民生用電來源。

　　緊隨在後，法國在大溪地、英國在加勒比海、荷蘭在巴里、瑞典在牙買加、日本在沖繩島、美國在夏威夷及關島等地，都各自投入了 OTEC 的研發行列。

　　直到 2013 年，渡假村開發商華彬集團（Reignwood Group）和國防與太空公司洛克希德馬丁（Lockheed Martin）計畫合作，在海南島海岸建立一座 10 MW 的 OTEC 示範電廠（如圖 8.4）。這計畫若完成，將會是世界上有史以來最大的 OTEC 電廠。

圖 8.4　OTEC 示範電廠

以下是有關海南 OTEC 電廠的一些細節：

- 為封閉式循環OTEC系統，
- 渦輪機系統設在海面，暖水通過熱交換器將工作流體阿摩尼亞氣化，以產生蒸氣，
- 蒸氣通過水下熱交換器，冷凝成液態阿摩尼亞，
- 冷水自水面下800至1,000公尺，泵送至海面，
- 從電廠發出的電將供應到島上渡假村，
- 該渡假村將以低碳做為號召進行販售。

　　繼海南 OTEC 示範電廠之後，期望將會有更多位於中國南海岸，容量介於 10 MW 與 100 MW 之間的商業 OTEC 電廠，陸續推展開來。而洛克希德馬丁公司也正尋求在美國，像是夏威夷和佛羅里達等州，建立商業規模 OTEC 電廠的機會。

Unit 8-4
OTEC 技術發展（1）

圖解再生能源

　　美國能源部於 1984 年開發了，將暖海水轉換成用於開放式循環電場的低壓蒸汽的垂直蒸發器，達到 97% 的能源轉換效率。系統當中所使用的直接接觸冷凝器，可使得達到很高的蒸汽回收效率。

　　在此同時，英國的研究人員設計並測試了鋁製熱交換器，可將熱交換器的成本降到每瓩裝置容量 $1,500 美元。而其低成本的海水軟管的觀念，也已開發並取得專利。1993 年 5 月，位於美國夏威夷 Keahole Point 的開放循環 OTEC 電場，在其淨發電實驗當中發出了 5 萬瓦的電，打破了日本系統於 1982 年創下的 4 萬瓦的紀錄。

　　所有的 OTEC 電場都需要有一根大直徑、需要伸出到水下一、二公里以上的深水採水管，以將很冷的水送到水面。這冷海水，是三種類型OTEC 系統：封閉循環（圖8.5）、開放循環（圖 8.6）、複合循環的共同部分。

154

封閉循環

　　封閉循環（close cycle）用的是一種例如阿摩尼亞等低沸點的工作流體，以趨動渦輪機來發電。以下是其作動情形。將水面的暖和海水泵送通過一熱交換器將低沸點流體蒸發。該膨脹的蒸氣隨即帶動渦輪發電機旋轉。接著，將深層冷海水泵送通過第二道熱交換器，將蒸氣凝結回到液體，再將這液體循環回系統。

開放循環

　　開放循環式（open cycle）OTEC 利用熱帶海洋表面暖水發電。當暖海水送入低於大氣壓的容器當中時，即沸騰，產生的膨脹蒸汽用來驅動與發電機相聯的低壓渦輪機。該蒸汽將其鹽分留在低壓容器當中，而幾乎成了純淡水，藉由與深層冷海水交換，其接著可凝結成為液體。

　　1984 年，當時美國的太陽能研究院（Solar Energy Research Institute）及今天的國立再生能源實驗室（National Renewable Energy Laboratory, NREL） 建立了垂直噴管（vertical-spout）蒸發器，將暖海水轉換成開放循環用的低壓蒸汽，達到 97% 的能源轉換效率。

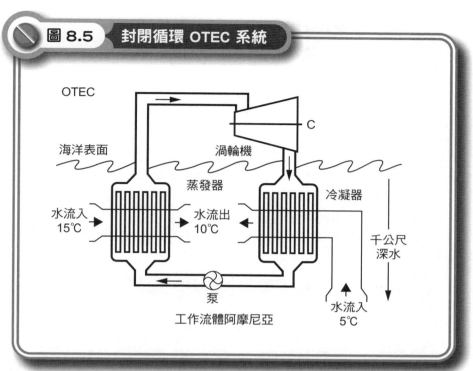

圖 8.5　封閉循環 OTEC 系統

155

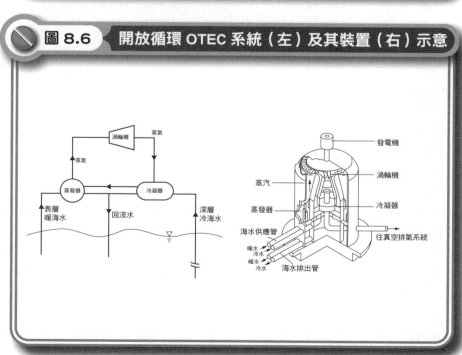

圖 8.6　開放循環 OTEC 系統（左）及其裝置（右）示意

Unit **8-5**
OTEC 技術發展（2）

圖解再生能源

複合式

　　複合系統將封閉循環和開放循環結合在一起。在複合系統當中，暖海水進入一個真空容器當中，隨即驟餾蒸發（flash evaporation）成為蒸汽，類似在開放循環當中的蒸發過程。該蒸汽在一封閉循環迴路當中，將一低沸點流體蒸發，用來驅動渦輪機發電。

　　從前面的全世界 OTEC 發展過程可看出，推動 OTEC 首先必須克服技術上許多巨大的挑戰。其中最大的挑戰包括：

- **大管徑冷水管的設計、製造、及鋪設。**

- **大型海上平台（如圖 8.7 所示）的設計與建造。**

- **高效率海底電力輸送電纜。**

　　這些關鍵技術在全世界，尚難找到可依循的成功案例。

整合其它技術

　　除了發電，OTEC 還有別的重要效益，例如海水淡化及空調。從 OTEC 產生的過剩冷海水可用來冷卻熱交換器當中的淡水，或直接流到一冷卻系統當中。OTEC 技術也有助於冷土壤農業（chilled-soil agriculture），讓冷海水在地下水管當中流過，其周遭的土壤也跟著冷下來。植物在冷土壤當中的根和在暖和空氣當中的葉之間的溫差，讓原本在溫帶氣候區的高冷植物，得以在副熱帶地區也生長得很好。

　　養殖大概是最著名的 OTEC 副產品。一些像是龍蝦、鮭魚、鮑魚等冷水高價水產品，在源自 OTEC 過程的富營養質深層海水（deep ocean water, DOW）得以快速成長。

　　如圖 8.8 所示，開放式或複合式 OTEC 電場可進行海水淡化。理論上一座淨發電容量 2 MW 的 OTEC 電場，每天能生產大約 4,300 立方公尺的淡化水。

圖 8.7 大型海上平台

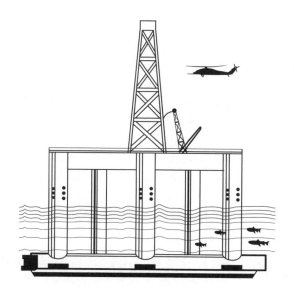

 圖 8.8 OTEC 結合海水淡化

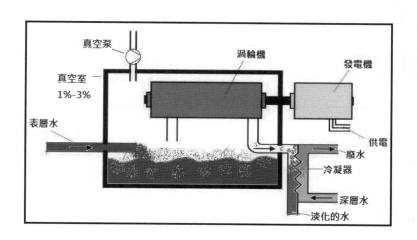

Unit **8-6**
OTEC 的經濟效益

圖解再生能源

158

OTEC 的經濟效益包括以下

① 協助生產像是氫、阿摩尼亞及甲醇等燃料。

② 產生基礎負載電能。

③ 產生工業、農業及生活所需要的淡化水。

④ 同時為沿近岸水產養殖經營的資源之一。

⑤ 提供建築所需空調。

⑥ 提供中溫冷藏。

⑦ 對於提供未來所需潔淨而成本有效電力深具潛力。

　　OTEC 的最大潛力，在於藉著利用大型電場船（grazing plantships）以生產氫、阿摩尼亞、甲醇等，以供給世界上所需燃料當中很大的一部分。就已經研究過的 OTEC 裝置的三個世界性市場──美國海灣海岸與加勒比海一帶、非洲與亞洲，以及太平洋島嶼而言，預期太平洋島嶼將是頭一個開放循環 OTEC 電場市場。此一預測根據的是電廠成本、海水淡化需求，以及此一潔淨能源技術的社會效益。

成本與經濟考量

　　要使 OTEC 實際成為電力來源，若不是獲得政府的支持（亦即優惠稅率和補助），便必須比也可能已接受補助的其它形式電力更具競爭力。由於 OTEC 系統尚未廣泛設置，其成本推估也就很不確定。

　　除相關法規與補助，其它也須一併納入考量的還包括：OTEC 屬再生能源，產生的廢棄物和需要供應的燃料都很有限，需要用到的土地面積也很有限，對石油依賴的政治影響，其它如波浪能與甲烷水合物等形式的海洋能源，以及其與養殖或從同一套泵送系統當中過濾出稀有礦物等多目標用途。

Unit **8-7**
海洋鹽差發電與展望

圖解再生能源

從特性來看，海洋鹽差發電（salinity gradient power）或稱為滲透膜發電（osmotic power）的潛能，比起潮汐的似乎尤有過之。只要是在淡水和鹽水交會之處，從黃河、萊茵河、到密西西比河等，皆能產生穩定的電，而不需擔心像是沒風、缺雨等，會造成供電不穩的困擾。尤有甚者，滲透膜發電幾乎不會對可能很脆弱的生態系造成衝擊。因為該裝置可很容易裝設在建築的地下室當中，靜靜的持續運轉。何況其所依賴的是電化學反應，而幾乎不需用到動態的元件。

鹽差發電沿革

荷蘭的諾貝爾獎得主化學家 Jacob van't Hoff 於 1885 年便已證明，在一片半滲透膜當中，只有液體而沒有溶解顆粒會通過，這便是他稱的滲透壓（osmotic pressure）現象。1954 年 Richard Pattle 建議利用海水和河水之間的壓力差來發電。他估計利用海洋和流入海的河水的平均鹽度差異，每年具有 1.4 到 2.5TW 的發電潛力。

1950 年代末期，美國加州大學的 Sidney Loeb 和 Srinivasa Sourirajan 在其博士論文當中，將 Pattle 的理論進一步衍伸。他倆以合成材質製成的膜和高壓泵，以逆滲透壓（reverse osmotic pressure）從海水產生了淡水。此實為當今絕大多數海水淡化過程的原理。到了 1972 年，以色列的 Negev 研究院，邀請了 Loeb 從沙漠深層泵送出帶鹽分的地下水，利用該膜進行過濾、淨化。此時 Loeb 設計了一套以半滲透膜分隔為二的水櫃，並將壓力提升到 12 大氣壓，將淡水從鹽水當中抽出。

鹽差發電領先全世界的挪威電力公司 Statkraft，於 2009 年在奧斯陸南邊的 Tofte 建立了一座 2～4 kW 雛型廠。挪威估計利用滲透膜技術，每年可從其峽灣當中產生約 12 TWh 電力。而荷蘭 Wetsus 公司，也將其位於 Afslutdijk causeway 的 5 kW 雛型場擴建到 50 kW 的規模。根據預估，荷蘭的海岸線和河川擁有大約超過每年 18 TWh 發電容量的潛力，足以滿足一百萬家戶用電。

160

膜的耐用性是突破的關鍵

　　根據挪威國營研發機構正試驗各種醋酸纖維素和各種不同的高分子複合材質的膜，以使其能耐到 12 大氣壓，達六至十年之久。儘管挪威採用的技術已相當成熟，但在暖活地區，就可能遇上較大阻礙。這主要是因為這些地方的各類生物的發展，都很可能增加汙染量。一旦這些大面積的膜受到生物和非生物的汙染，便將很快降低甚至終止其發電能力。

荷蘭藍色能源計畫

　　有鑑於挪威所遭遇的困難，荷蘭的 KEMA 將希望寄託在全然不同的技術上。其所建立的，是由逆電析所作動，名為藍色能源（Blue Energy）的鹽梯度電場。和前述壓力遲滯滲透膜相反，其僅有在鹽水中的離子，而非水本身流通過膜，同時讓一膜僅能通過正離子，另一僅通過負離子。目前其正努力降低膜的厚度，以降低阻力，從而提高發電能力。

Unit **8-8**
PRO與RED鹽差發電

　　全球平均海水的鹽度大約是千分之 34.73。鹽分愈高的海水，密度亦愈大。鹽分在水表面最低，隨著水深遞增。開發存在於淡水與鹽水間的壓力差，可以擷取到能量。此能量稱為滲透能（osmotic energy）。而淡水和鹽水之間的能量差稱為鹽分梯度（salinity gradient）。只要是在溪流或河川進入海洋的地方便存在著滲透能。

　　逆滲透膜（reverse osmosis, RO）在從海水生產淡水的過程當中會消耗能量。至於滲透膜在有海水存在的地方，則會消耗淡水而產生能量（淡水變成了鹽水）。用來擷取此一能量的方法，包括在淡水和鹽水水面的蒸氣壓力差，以及有機複合材料在淡水與鹽水之間腫脹的差異。

　　圖 8.9 所示為海水淡化所用的逆滲透原理。而鹽差發電最可行的方法，便是使用這類半滲透性的膜片。藉由以如圖 8.10 所示的壓力遲滯滲透膜（pressure retarded osmosis, PRO），或者是如圖 8.11 所示的逆電析（reverse electrodialysis, RED）直流電對鹽水（brackish water）施壓，可擷取到能量。

　　在 RED 法當中，會使用裝在淡水與海水交替的容器中的選擇性離子膜（ion selective membranes），而離子會在其中藉著自然擴散，穿過膜片而生成低電壓直流電。在 PRO 法當中，用的是另一類型的膜，類似用於海水淡化的逆滲透膜。如果以此膜將淡水和鹽水分開，淡水會順著自然的滲透穿過該膜到鹽水側。雖然這兩種方法的作動原理相當不同，但擷取的卻都是相同的位能。

　　鹽度能是再生能源當中，尚待開發的最大能源之一。據估計全世界可每年擷取達 2,000 TWh。其尚未受到世人重視的原因之一，在於其潛在能量對於一般人而言尚不明顯。另一原因則在於此能源需要相當程度的技術研發，方得以廣泛利用。

　　最近一項研究結果顯示，以 PRO 發電的總成本介於每 kWh 3.5 至 7 美分之間。這項初步研究導致了挪威最大水力發電公司 Statkraft SF 與歐洲的薄膜專家的合作及歐盟執委會（EU commission）的支持。目前在日本、以色列和美國等國家，仍有一些針對鹽度發電的小規模研究正進行中。

圖 8.9 海水淡化逆滲透原理示意

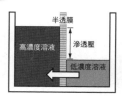
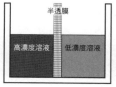
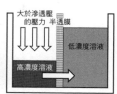

1.滲透現象   2.滲透平衡   3.反(逆)滲透

圖 8.10 壓力遲滯滲透膜示意

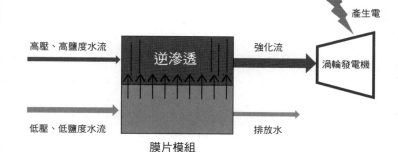

圖 8.11 逆電析示意

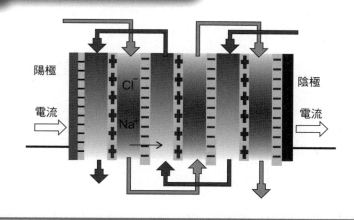

筆　記　欄

第 **9** 章

生物能源

章節體系架構 ▼

生生不息的植物潛藏著無窮的綠能。

燒柴取暖和烹煮食物，是人類最初從大自然獲取能源的方式。
迄今，這仍然是主要的生物質量能源（biomass energy）轉換技術，
而且並不僅只於開發中國家才如此。當今人類在這方面也已擁
有一系列科技，能讓各種生物提供各類型、不同規模，且好用
的熱和電力。如今世界許多國家的政府與業界，都把生物質量
視為未來，各種傳統燃料的重要替代品。

Unit **9-1**
生物能量來源

　　生物能源（bioenergy）是順著地球的自然循環產生的。其永續利用大自然能源的流通，也就等於是在模仿地球上既有的生態循環。整個過程當中所產生的碳，取之於大氣，最後又歸還給大氣；產生能源所需要的養分，可取之於土壤，最後又歸還給土壤。至於源自於循環當中一部分的殘餘物，則形成了整個循環下個階段的輸入部分。

　　如圖 9.1 所示，植物經由光合作用從大氣當中擷取所需要的二氧化碳，轉換成為植物的生物質量。接著，我們將這些生物質量連同其殘餘物，一道轉換成了建材、紙張、燃料、食物、牲口飼料。

　　在整個循環當中，源自於生物質量的二氧化碳被釋放回到了大氣，而幾乎不對大氣增添新的碳。這必須在過程當中，將生物能源作物種到最好的狀態，並將其腐質部分加到土壤裡，甚至還可將一部分二氧化碳淨儲存（net sequestration）或長期固定（fixation）到土壤的有機質（organic matter）裡。

生物能源類型

　　生物質量作為能源時，可能是透過提供熱、生產燃料或發電等不同途徑。全世界各地為了取暖或煮飯，往往在屋裡裝設某種類型的燃燒木料的火爐，使得生物質量成為用得最廣泛的一種能源形式。發電廠及工商業設施採用生物質量來發電的，也愈來愈普遍。

　　最常見的一種商業化生質能源生產方式，為從玉米或甘蔗等作物生產乙醇。例如在美國中西部和南部便普遍使用，以 10% 乙醇和 90% 汽油，所混合成的汽醇（gasohol）。

　　在亞洲、非洲、拉丁美洲等許多開發中國家，一方面其所需電力僅小量逐步增加，同時其又擁有豐富的，像是稻殼、甘蔗渣等作物加工「廢棄物」之生質來源，而極適合大力開發生質，作為發電能源。

　　木材加工過程所產生的殘餘物，透過熱與電力結合的設施（combined heat and power, CHP）擷取其中能源，已有相當成功的實例。隨著這方面的進步，不僅可促進工業與農業的成長，同時有助於環境並創造工作機會，確保國家能源安全，進一步還可提供新的出口市場。

圖 9.1　生物質量的使用與流通

二氧
化碳

生物質量

新生物質量作物

傳統生物質量

回收

污泥利用

礦物回收
化石能源

木材產品與能源或糧食化學品

產品

殘餘物

農業殘餘物

燃料電力及新生物產品

植物在生長過程中，透過光合作用擷取太陽能儲存在體內。可以長成生物質量的植物有許多種，像是風傾草（柳之稷，switchgrass）、麻（hemp）、玉米、白楊（poplar）、柳、甘蔗等都是。

在各類型再生能源當中生質能屬最多元，除了前述電與熱，其尚可用來產生車輛等交通工具的燃料。不過需提醒的是，終究生物質量原本主要並不在於作為能源，其更重要的價值，是作為糧食和生產材料（像是木材和油）。如此一來，自然會有好幾個部門競相取得，而其需求也就很大。

Unit **9-2**
生物燃料（1）

　　生物燃料或稱為生質燃料（biofuel），源自於生物質量。迄今生物燃料主要包括生物乙醇（bioethanol）、生物丁醇（biobutanol）、生物柴油（biodiesel）及生物氣（biogas）。全世界各地分別有其特定農作物，作為其生物燃料來源，例如巴西的甘蔗、美國的玉米和大豆、東南亞的棕櫚油及歐洲的亞麻子（flaxseed）與油菜子（rapeseed）等。

　　幾乎所有源自於工業、農業、森林及家庭的可生物分解的產物，都可用作生物燃料，包括像是稻草、木屑、糞便、稻殼、汙水、可生物分解廢棄物及廚餘等。這些都可透過厭氧消化（anaerobic digestion），轉換成生物氣。

　　其實遠自汽車工業初期，工業界便已採用液態生質燃料。德國發明內燃機的尼古拉斯・奧圖（Nikolaus August Otto）（圖 9.2）當初所燒的，便是乙醇。發明柴油引擎的魯道夫・迪塞爾（Rudolf Diesel）當初燒的是花生油。至於發明汽車的美國人亨利福特（Henry Ford），原本想量產電動汽車，但卻在遇挫後，於 1926 開始量產完全燒乙醇的 Ford Model T（圖9.3）。

直接生物燃料

　　早期配備間接噴射系統的柴油引擎，可在熱帶地區使用菜仔油，後來則改用生質柴油。目前許多引進生物燃料的國家，採取僅很小比例的生物燃料與傳統燃料混合的保守做法。

酒精—甲醇和乙醇

　　比起汽油、柴油等化石燃料，甲醇和乙醇固然有其優點，但卻也有其不足之處。由於酒精燃燒反應的產物為二氧化碳、水和熱，其一氧化碳的排放量比燒化石燃料少 100%。雖然其中所產生的二氧化碳和汽油的一樣多，不過在整個酒精生產過程當中，確實也有一些二氧化碳已經過植物從空氣當中吸收掉了。

　　過去幾十年汽車燃油系統當中的塑膠和橡膠部分，都已設計成能夠承受達 10% 的乙醇而不出問題。但在很老的引擎當中，乙醇可對用於汽油系統當中的塑膠或橡膠元件，造成降解。

圖 9.2　尼古拉斯・奧圖

圖 9.3　福特首次量產的 Ford Model T 引擎

Unit **9-3**
生物燃料（2）

丙醇

含三個碳的丙醇（C_3H_7OH）目前絕大部分僅直接用作溶劑，並沒有作為汽油引擎的直接燃料來源。不過它倒是有作為一些類型燃料電池所用氫的來源，而可產生較甲醇為高的電壓。

丁醇

丁醇（n-butyl alcohol, butanol）是經過所謂 ABE 發酵丙酮—丁醇—乙醇所產生，從試驗性的過程變化顯示，該僅有的液體產物丁醇，潛藏著相當高的淨能源。一般而言，汽車的汽油引擎不須經過修改，即可直接燒丁醇，可產生比燒乙醇更大能量，且也比較不具腐蝕性和較不溶於水，同時可利用既有的基礎設施進行配送。

其它液體燃料

混合酒精可藉由生物質量轉換至液體的技術，或藉由將生物質量進行生物轉換成混合的酒精燃料。一般所用的為乙醇、丙醇、丁醇、戊醇、己醇及庚醇的混合物，例如一卡林（ecalene）。

氣體

圖 9.4 所示，為源自廚餘的生物氣，供應民生與工商所需熱與電的概念。生物氣體的產生，靠的是厭氧菌（anaerobic bacteria）對有機質進行厭氧消化作用。生物氣體含有甲烷，可獲取自工業厭氧消化器和機械生物處理系統。掩埋場氣體是垃圾掩埋場經過自然厭氧消化所產生的，比較不乾淨。若不加以收集任憑其釋入大氣，則將成為空氣汙染和溫室氣體的主要來源之一。

第三代生物燃料

生物二甲醚、費托柴油（Fischer-Tropsch diesel）、生物氫、柴油及生物甲醇，全都是從合成氣生產出來的。而此合成氣則是藉氧化生物質量所產生。

生物氫也是氫，只不過其源自於生物質量，先是將生物質量氧化產生甲烷，接著再將此甲烷重組產生氫。此氫可用於燃料電池。同樣的，生物甲醇也只是甲醇，只不過它產自於生物質量。生物甲醇可以高達 10% 至 20% 的比例和汽油混合，直接用在未經修改的引擎上。

藻類燃料（algae fuel）亦稱為藻油（oilgae）或第三代生物燃料，為源自於藻類的生物燃料。藻類為低投入且高收穫（每公頃產生能量是陸地上的 30 倍）用來生產生物燃料的料源，且藻類燃料為可生物分解的。

圖 9.4　產自廚餘的生物氣供應民生工商所需熱與電

Unit **9-4**
生物質量發電

生物電力（biopower）或稱為生質電力指的是利用生物質量來發電。生物電力系統技術包括直接燃燒、共燃（co-firing）、氣化、熱分解及厭氧發酵。圖 9.5 所示，為日本東芝公司於 2019 年開始在大田興建的生物質量發電廠，2022 年運轉發電。

直接燃燒

這是最簡單，也是用得最普遍的一種生物發電系統。其在鍋爐當中以過剩空氣燃燒生物質量以產生蒸汽，用來驅動蒸汽渦輪機進而發電。該蒸汽亦可用於工業製程或建築物內暖氣等用途。如此結合熱與電的系統，可大幅提升整體能源效率。造紙業是目前最大的生物質量電力生產業者。

共燃

共燃指的是以生物質量作為高效率燃煤鍋爐的輔助燃料。就燃煤發電廠而言，以生物質量共燃，可算得上是最便宜的一種再生能源選擇。其同

圖 9.5 東芝公司在大田興建的生物質量發電廠

時還可大幅降低空氣汙染物，尤其是硫氧化物的排放。

氣化

　　用於發電的生物質量氣化，是將生物質量在一缺氧環境中加熱，以生成中低卡路里的合成氣體。此氣體通常即可作為結合燃氣渦輪機與蒸汽渦輪機的複合式循環（combined cycle）發電廠的燃料。在此循環當中，排出的高溫氣體用來產生蒸汽，用在第二回合的發電，而可獲致很高的效率。

熱分解

　　生物質量熱分解（pyrolysis）是將生物質量置於缺空氣的高溫環境當中，導致生物質量分解。熱分解後的最終產物為固、液及氣體（甲烷、一氧化碳及二氧化碳）的混合物。這些油、氣產物可燃燒以發電，或是作為生產塑膠、黏著劑或其它副產物的化學原料。

厭氧消化

　　生物質量經過自然腐敗會產生甲烷。厭氧消化（anaerobic digestion）是以厭氧菌在缺氧的環境下分解有機質，以產生甲烷和其它副產物。其主

圖 9.6　準備加到爐中的木粒燃料

要能源產物為中低卡路里氣體，一般含有 50% 至 60% 的甲烷。在垃圾掩埋場當中，可鑽井導出這些氣體，經過過濾和洗滌即可作為燃料。如此不僅可從中發電，且可降低原本會排至大氣的甲烷。

木粒燃料

圖 9.6 所示，為準備加到爐中的木粒燃料。2005 年德國出現前所未有的木粒供暖需求，整個歐洲也跟著同步成長，更進一步建造了燒木粒鍋爐的中央暖氣系統。

大部分生物質量顆粒都是從木屑壓縮而成，但也有從草桿等其它廣泛植物來源作成的。無論原料是甚麼，只要做成顆粒，它就變得既穩定又容易運送，且還可成為國際貿易商品。

在燃煤電廠以木粒一道燃燒，同樣是快速發展中的應用方式，主要還是在於降低碳排放。這在前東歐和一部分的德國尤其如此。有些工業將木粒當作其現場工業熱源，通常在熱電共生裝置當中，這方面的成長相當穩定。

可生物分解廢棄物

可生物分解廢棄物（biodegradable waste）這類生物質量有許多形態，包括城鎮固體廢棄物的有機成分、木質廢棄物、一些廢棄物做成的燃料、汙泥渣等。

利用源自於廢棄物的生物燃料，有抑制地球暖化等諸多效益。歐盟在其最近的一項研究報中預測，在 2020 年之前，生物質量所能提供的能源約 1,900 萬公噸石油當量，而其中 46% 可擷取自市鎮廢棄物（municipal solid waste, MSW）、農業殘餘物與廢棄物及其它可生物分解廢棄物等生物廢棄物（biowastes）。甚至在美國夏威夷大學，也有研究開發出以木炭（biochar）作為燃料的燃料電池。

筆　記　欄

Unit 9-5
世界生物質量發展（1）

　　生物質量正在全世界快速發展。自 2011 年以來，世界生物能發電每年都穩定成長超過 6%，2018 年更增加超過 8%。而隨著一些新興經濟體在政策與市場上的正向發展，未來生物能的前景相當樂觀。以下介紹部分關鍵市場。

歐盟

　　歐洲 EU3（德國、法國、義大利）的再生能源當中生質能占將近六成，當中 75% 用於加熱與冷卻。圖 9.7 所示，為歐洲各種來源所組成的生質能。由於生質能 96% 源自於本地，其關乎歐洲的能源安全。歐洲的森林為其生質能的主要來源，包括伐木殘料、木材加工殘料、材火等，而用於取暖與發電的木粒，更成為重要的能源。

176

　　預計生質能將在歐盟達成 2030 年再生能源目標上，扮演關鍵角色。然儘管如此，為了能同時在減少溫室氣體排放和維持生態平衡上達最佳狀況，在生質能的生產、加工及使用上，皆須確保採取永續且具效率的方式，以免造成森林減損或棲地破壞或喪失生物多樣性。

瑞典

　　瑞典進展得相當穩健。2017 年其用在交通上的能源當中，有 20.8% 屬生物能源。而發展得很好的地方取暖部門，其生物質量（包括泥炭和城鎮固體廢棄物在內）在 1980 年還主要賴以取暖的石油產品，如今換成以生物燃料來供應該部門逾 60% 的需求。

　　瑞典在推動以再生能源發電上，建立了一套以配額／認證為基礎的系統。該配額於 2003 年引進之初僅 7.4%，到了 2010 年增加到 16.9%。瑞典的龐大而健全的森林部門在提供生物燃料上，潛力無窮。

德國

　　德國的生物氣體部門正快速成長。目前農村廣設生物氣體廠，普遍使用牲口排泄物，而一些作物的草桿，也同時消化於其中。其背後的推動主力，在於農民由此生物氣體所發出的電可饋入電網，而從中獲得補貼。在

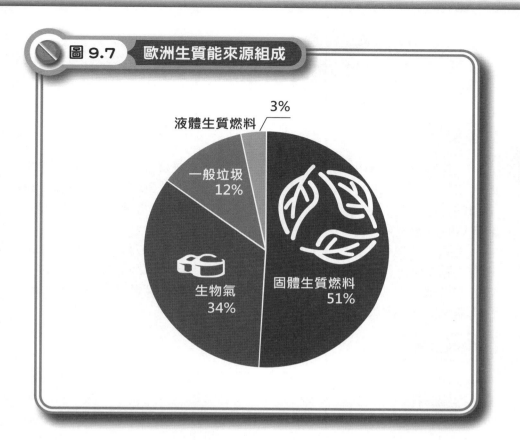

圖 9.7 歐洲生質能來源組成

3%
液體生質燃料

一般垃圾
12%

生物氣
34%

固體生質燃料
51%

理想情形下，在加工過程中所產生的餘熱，還可用以促使該廠達最大能源效率。

德國在 2015 年之前的生物氣廠近 2 萬座，容量達 4,000 MW，預計 2020 年可增加到 4.2 萬座，使容量達 8,500 MW。此可供應將近 76 TWh 電力，大約是德國總發電量的 17%。

Unit **9-6**
世界生物質量發展（2）

美國

　　生物質量在美國也被證實可作為商業供電。根據預測，源自生物質量的發電量，可從 2004 年占總發電量的 0.9%，增加到 2030 年的 1.7%，所增加的包括源自與生物質量共燃的 38%，36% 源自專屬發電廠，及 26% 源自新的電熱複合容量。

　　美國大多數從生物質量所發出的電，都用於既有電力分配系統當中的基礎負載。而也有生質產熱過程中的，適用於工業製程所需熱與蒸汽的。將生物質量與煤共燃的發電業者，可從低成本的生物質量當中同時省下燃料成本，並賺取排放績效點數（emissions credits）。

中國大陸

178

　　中國大陸的主要生物質量來源為農業廢棄物、森林、林木產品工業所產生的殘餘物，以及城鎮廢棄物。農業廢棄物廣泛分布於全中國，光是農作物桔稈就超過 6 億公噸。適用於產生能源的作物桔稈，具有每年 12,000 PJ 的潛力。中國大陸並有發展得相當健全的生物氣工業。據估計，理論上源自於農產品加工的廢棄物與源自畜牧場的牲口糞便，可產生近 800 億立方公尺的生物氣。森林與木材殘餘物每年可提供 8,000 PJ。

　　圖 9.8 所示，為分布在中國大陸的生質發電廠。中國大陸的生質氣化、生質液化及生質發電技術，同時也逐步開發出來。氣化主要採用的方法為厭氧發酵，而同時源自生物質量的直接氣化，亦正發展當中。

尼泊爾的生物氣

　　八成尼泊爾人原本仰賴木柴為生，如今如圖 9.9 所示，許多家庭改用生物氣，而得以改善健康與生活品質同時增加收入。尼泊爾的支持生物氣計畫（Biogas Support Programme, BSP），讓尼泊爾總共安裝了超過 15 萬個家用生物氣場。該計畫成功的地方便在於在尼泊爾不同地方將此技術普及，取代了傳統的柴火。

　　雖然尼泊爾在三十年前即開始提倡生物氣，但也直到 1992 年 7 月建立了 BSP 計畫之後，才得到大幅進展。目前該計畫已由將近 4,000 個尼泊爾鄉村發展委員會落實。

圖 **9.8** 中國大陸的生質發電廠

●：生物質量發電廠址

圖 **9.9** 尼泊爾婦女以瓦斯爐取代柴火烹煮

Unit **9-7**
生物能源所面臨的挑戰（1）

圖解再生能源

　　使用生物能必須避免生物資源枯竭，預防生物多樣性嚴重降低，並且還要確保不致於需要犧牲貧窮國家的食物需求，來滿足富有國家的能源需求。以下討論發展生質能源必然要面對的挑戰。

生產成本

　　目前無論提升乙醇產量或降低其生產成本，都受到很大的限制。原因在於種植玉米，須耗廢大量農藥、肥料及農業機械所需要的燃料，不僅成本甚高且對環境的衝擊亦相當嚴重。

　　採用新技術，可望讓我們徹底利用整棵生長快速的植物來生產乙醇。如此，可望讓經濟與環境同時受到較好的保障。對於農民而言，如大量生產生質能源作物，便可能因為既有作物所提供的附加收入來源，而成為可獲利的一項選擇。

健康隱憂

　　儘管利用生物燃料有諸多效益，令人擔心的是，長期以來在開發中國家，普遍都在屋裡使用生物燃料烹煮如圖 9.10 所示。一方面沒有足夠的通風，而所用的燃料像是牲口糞便，燒了便形成室內、室外的空氣汙染，造成了嚴重的健康危害。

　　國際能源總署所提出的解決方案包括爐子（包括像是內置排煙道等，如圖 9.11 所示）的改進和使用替代燃料。只不過這些大多有些困難。例如替代燃料往往都很貴，而會去直接燒生物燃料的人，往往也正是因為它們用不起替代燃料。

糧食漲價教訓

　　2007 年初，墨西哥發生幾件和糧食有關的暴動事件，起因於美國中西部所生產，一部分出口的玉米，很多都用在生產生物乙醇，導致製作墨西哥主食黍餅（tortillas）等所用玉米價格上漲，並造成國際大酒廠海尼根獲利縮減。

　　未來應以糧食作物當中不可食用的部分，用來生產生物燃料。只不過，在這些植物桔桿所含的纖維不僅加工較困難，其所含碳氫化合物的轉換，更是複雜。目前有很多研究便著眼於將這類產物加工成燃料，使不需要在糧食供給面上有額外消耗。

　　從圖 9.12、9.13 所示全球糧食交易量和糧食價格指標趨勢圖中可看出，人類在 2007 年之後所面臨的糧食挑戰。

圖 9.10　瓜地馬拉家庭

 圖 9.11　重複使用熱的爐灶可節約薪材消耗

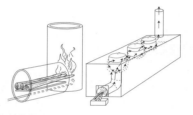

 圖 9.12　糧食交易量指標趨勢圖

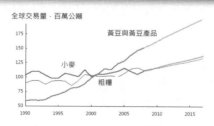

 圖 9.13　糧食價格指標趨勢圖

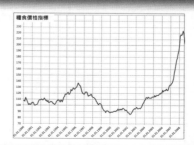

Unit **9-8**
生物能源所面臨的挑戰（2）

能源效率與平衡

　　針對燃料能源平衡的一些研究顯示，因為生物質量從進料到使用，會因地理位置的不同而有很大的差異。例如，使用生長於溫帶氣候的作物，像是玉米或菜籽油（canola）的生物燃料的能源效率相當的低；相反的，從生長在副熱帶和熱帶的作物，例如甘蔗、高粱、棕櫚油、樹薯，所生產的生物燃料如圖 9.14 所示，其能源效率必然很高。有些生物燃料的能源平衡，甚至還是負的。

農業永續議題

　　大量生產生物燃料，不但會耗損天然資源並劣化土壤，同時還會進一步導致水土侵蝕和沙漠化，而使整個系統無以延續。而單一作物加上密集耕作的趨勢，對於環境確是一大威脅。原有的永續農業（sustainable agriculture）型態，也就可能無以為繼了。例如許多人擔心，一些像是印尼等國家的原始森林，可能在東南亞和歐洲對柴油殷切需求的驅使下，被開闢來種植根區很淺的棕櫚樹。然而，從另一個角度來看，在開發中國家，貧窮，正是摧毀其環境的幕後元兇。

圖 9.14　源自玉米和甘蔗的生質酒精

第 **10** 章

地熱能源

章節體系架構 ▼

在各種新替代能源中，地熱能源無論在技術上及經濟上，都比
其它新能源的研究開發，更容易在短期內獲得成果。

Unit **10-1**
什麼是地熱能源?（1）

　　地熱（geothermal）泛指地球內部所蘊含的巨大熱能。在地殼破裂的地方，也就是板塊構造邊緣，由於地殼板塊互撞或漲裂，造成火山活動，以致區域性地溫升高，大量熱能傳到淺處，可供開發利用，就是所謂的「地熱能源」。

　　最常用來區分地熱資源的標準，根據的是從深層熱岩將熱攜帶到地表的地熱流體當中的熱能。而地熱資源也可藉此，根據流體當中所含能源及其可能加以利用的型式，區分成低、中、高溫的資源。

　　此外，在討論地熱能時，往往會就其為以水或液體為主的地熱系統，和以蒸氣（vapor）或乾蒸汽（dry steam）為主的地熱系統，加以區分。在以水為主的地熱系統當中，水為連續且為受壓力控制的流體狀態。這類地熱系統，溫度範圍在小於 125℃到高於 225℃之間，是世界上分布最廣的一種。其可產生熱水、水與蒸汽混合物、濕蒸汽，以及乾蒸汽，端視溫度與壓力的情況而定。

　　在以蒸汽為主的蓄存系統當中，一般液態水和蒸汽會同時存在，其中的蒸汽為連續壓力控制的狀態，這類系統較為稀少。

　　地熱能究竟算不算是再生能源，至今仍有爭議。反對將地熱能歸為再生能源的主要理由是，蓄存在地底的熱能往往有枯竭的一天，且開採地熱的過程，類似開挖礦產，不免會對環境造成相當規模的衝擊。

　　用來界定地熱能為再生能源的最嚴苛標準，便是該能源的補充速率（recharge rate）。在開發天然地熱系統的過程當中，如果從熱源產生的速率和能源補充到熱水當中的速率相同，便堪稱可再生能源。在乾熱岩石和在沉積盆地當中有一些地下熱水層的情況下，能源僅透過熱傳導補充，然由於此過程很慢，該乾熱岩石和一些沉積蓄存庫（reservoir）應當視為有限的能源。

　　台灣位於環太平洋火山活動帶西緣，全島共有百餘處溫泉地熱的徵兆，地熱資源的潛能可說是相當高。初步評估全台二十六處主要地熱區的發電潛能，約為 100 萬瓩。如再包含其它熱能直接利用，並以三十年開發期間來估算，總潛能 25,500 萬噸煤當量，潛力可觀。

地熱來源

地球雖然在外表是一層薄薄的冷殼,但是內部溫度卻非常的高,一般推測地球核心的溫度可能高達 6,000℃,外核約 4,500℃至 6,000℃之間,外地涵約 500℃至 4,500℃之間,而最外層的地殼,則平均每公里有 30℃的地溫梯度。

目前的技術已能對集中在地殼淺層的地熱能源進行開發,而在各種新替代能源中,地熱已被大量開發利用。將來如果技術更進步,可開發較深的地熱,則到時可望熱能源源不絕,也因此地熱能源常被稱為永不枯竭的資源。

如圖 10.1 所示,左邊受地熱加熱的地下水,被抽到地面的蒸汽產生器(steam generator)當中進一步加熱,轉換成蒸汽。高溫、高壓蒸汽可用來帶動渦輪機,並驅使發電機轉動,產生電。至於從渦輪機排出,用過的蒸汽則在經過冷卻水塔帶走熱量後恢復成水,經由圖右下角的注入井,回到地下水層當中

圖 10.1 地熱擷取方式

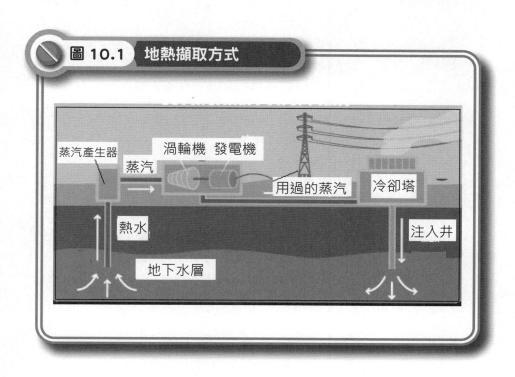

Unit **10-2**
什麼是地熱能源？（2）

地熱資源種類

地熱資源的種類包括三種：

熱液資源

係指在多孔性或裂隙較多的岩層中，儲集的熱水及蒸汽。這是一般所謂的地熱資源，業已開發為經濟性替代能源。

熱岩資源

係指潛藏在地殼表層的熔岩或尚未冷卻的岩體，可以人工方法造成裂隙破碎帶，注入冷水使其加熱成蒸汽和熱水後收取利用，其開發方式尚在研究中。

熱壓資源

係指在油田地區較高溫的熱水，受巨大之地壓而形成。通常僅出現在尚未固結或正在進行成岩作用的較深處沉積岩內。

　　圖 10.2 當中最右邊的井，即利用封閉地層當中現成的壓力，將深層地熱壓出地面。最左邊的石油與天然氣井可同時將深層地熱送出，左二的井僅產生地熱，左三的井則用來將收集的二氧化碳注入地下埋藏，同時引出地熱。

圖 10.2　不同地質條件下的地熱擷取方式

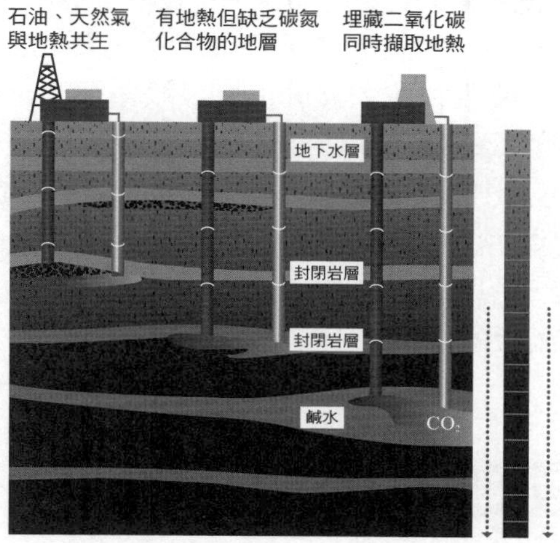

石油、天然氣　有地熱但缺乏碳氮　埋藏二氧化碳
與地熱共生　　化合物的地層　　同時擷取地熱

地下水層

封閉岩層

封閉岩層

鹹水　　　　CO₂

地熱區

　　地熱區是指具有明顯地熱徵兆的區域，例如溫泉、噴泉或噴汽孔地區，或是有高溫岩石分布的區域，稱之。地熱區的形成與火山活動有直接或間接的關係，因此在成因上，可分為火山性和非火山性兩種。

火山性地熱區

這種地熱區與火山活動有直接關係，且都分布在火山區內，溫度也較高，　但因地熱流體中常含有大量的例如氟、氯、硫磺等酸性與火山性化學成分，相關的腐蝕問題尚待研究克服。

非火山性地熱區

因火成侵入活動尚未達到地表形成火山，僅到達地下數公里的深處，使區域性的地溫升高，形成地熱區，此即為非火山性地熱區。

地熱系統

　　地熱系統是在地殼上層的封閉空間當中將熱由來源傳遞到一般為自由液面的承受體的對流水系。一個地熱系統由三個主要元素所組成：熱源、蓄存庫，加上某種可以攜帶和傳遞熱的流體。該蓄存庫一般在上面蓋著不透水的岩石，並和一片接受補注的地面相連。

　　圖 10.3 所示，為某中溫地熱系統的機制。由於地下流體受熱並引起熱膨脹，因此對流隨之產生。從該循環系統底下提供的熱，便是驅動整個系統的能源。一旦受熱，密度降低後的熱流體傾向上升，而會被源自系統邊緣，較冷且高密度的流體所取代。

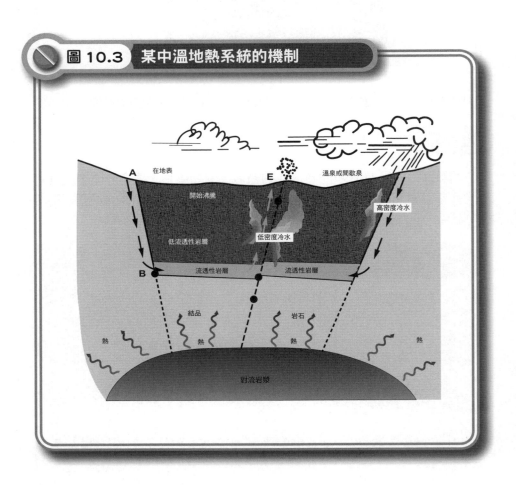

圖 10.3　某中溫地熱系統的機制

地熱資源的利用

　　發電是高溫（>150℃）地熱資源最重要的利用方式。至於中低溫（<150℃）資源，則適於其它許多不同類型的應用。地熱資源若透過串列並整合各種不同的利用方式，可望提升地熱計畫的可行性。其次，利用的潛力會受限於來源的溫度。而在某些情況下，透過對既有的熱過程的修改，更可擴大其利用範圍。圖 10.4 所示為地熱資源整體利用情形。

圖 10.4　地熱資源整體

Unit 10-3
地熱能開發現況

　　多數國家開發地熱能源，主要還是運用在發電。2018 年全球地熱發電較 2017 年成長 6%。在過去五年當中，地熱發電容量年平均成長約 500 MW。到 2018 年底，全世界地熱發電裝置容量總共達 14,600 MW。圖 10.5 所示為 2018 年底，世界十大地熱國的地熱發電容量，數字單位為 MWe。

圖 10.5　2018 年世界十大地熱國的地熱發電容量

單位：MWe

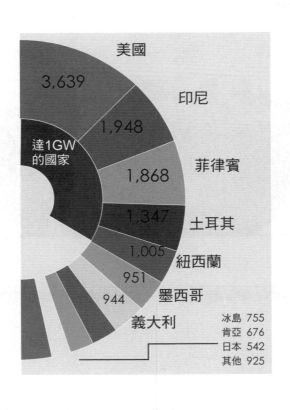

美國 3,639
印尼 1,948
菲律賓 1,868
土耳其 1,347
紐西蘭 1,005
墨西哥 951
義大利 944
達1GW的國家

冰島 755
肯亞 676
日本 542
其他 925

世界各先進國家開發利用地熱能源已有數十年歷史。自第二次世界大戰以降，許多國家深受地熱能源所吸引，咸認為其比其它形式能源，更具經濟競爭力。地熱能源不需仰賴進口，而且在有些情況下，其實也就是當地僅有的能源。

除了發電，有愈來愈多國家更積極利用地熱，發展農業、工業、觀光、理療等多目標直接利用，其熱能總和相當於 800 萬瓩，包括各項不同溫度範圍的用途。

地熱能源除可供應區域電力或產業用電以外，更可配合地理環境及地方產業發展的多目標利用，達到促進地方經濟成長與繁榮的效果。決定是否開發地熱資源時，應考慮下列各項因素：

溫度：地熱資源溫度可以由 30℃至 370℃，

熱流：可分為蒸汽、熱水及熱岩等形式之貯存，

利用因素：包括環境特性、流體品質及能源利用等，

井深：鑽井費用甚高，故生產井深度常依產能決定，一般約從 60 公尺至 4,000 公尺，

能源傳輸：電能可以作遠距離傳輸利用，但若直接透過管路利用，應以距離在 1 公里以內為宜。

至於地熱能源的開發技術包括：

探勘調查技術：以經濟、有效的方法，透過估測地熱場的溫度、深度、體積、構造及其它特性因素，來推估地熱場的開發潛能，或據以進一步研判選定井位，作為開發的評估依據，

鑽井技術：鑽井的花費較高，占地熱能源開發成本的比例也最大。當初步調查結果證實具有開發潛能時，鑽井可以驗證探勘結果，確認地熱資源的儲存及其生產特性，並選用適當的鑽井技術，在安全控制狀況下開採地熱能源，

測井及儲積工程：完井以後可以作單井測井或多口井同時噴流時的測井，利用測井取得的井流特性及地下資料，可以推斷儲積層的位置、深度、厚度、構造、儲積範圍及流體的產狀、產能，據以規劃地熱井的生產控制及地熱場的開發與維護，作有效的開發利用。

Unit **10-4**
地熱發電

地熱發電，顧名思義為利用地下熱能來發電。Giovanni Conti 於 1902 年首先在義大利 Larderello 發現由地熱所產生的電。

地熱發電主要是在蒸汽渦輪機或二元系統（binary system）廠當中進行，視地熱資源的特性而定。蒸汽渦輪機需要用到 150℃ 以上的流體（如圖 10.6 所示）。

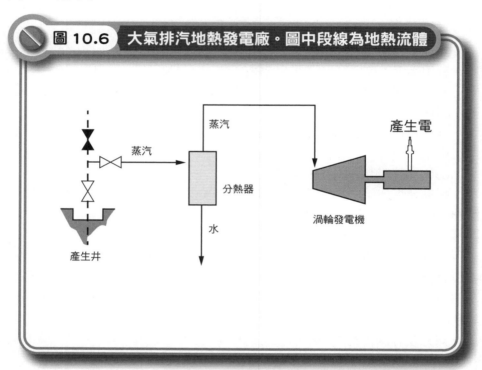

圖 **10.6**　大氣排汽地熱發電廠。圖中段線為地熱流體

自從二元流體（binary fluids）技術有了一些進步以來，以中、低溫地熱流體及以地熱廢熱水發電方面，也都有了長足的進步。二元廠用的通常是某有機流體（一般為正戊烷）的二次工作流體（secondary working fluid），其相較於蒸汽，沸點低且蒸氣壓力高。該二次流體在一典型的郎肯循環（Rankine Cycle）下運轉：地熱流體透過熱交換器將熱傳給二次流體，使其受熱並蒸發，再以此產生的蒸氣趨動渦輪機，接著冷凝，讓新的循環重新開始（如圖 10.7 所示）。

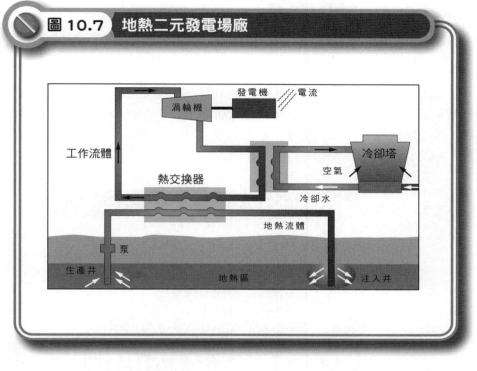

圖 10.7 地熱二元發電場廠

　　選擇適當的二次流體，二元地熱系統可採用溫度介於 85 至 170℃之間的地熱流體。溫度上限取決於有機二元流體的熱穩定性。至於下限，則取決於技術經濟因素，亦即，低於此溫度，所需用到的熱交換器尺寸將大得讓該項目變得不經濟。二元地熱廠一般都屬小型，只有幾百 kWe 到幾 MWe 的容量。這些小單元則可聯結成為幾千萬瓦的電場。

　　最常用的地熱發電技術，依地熱與工作流體的循環分成乾蒸汽、閃化、二元雙循環及總流四種類型。全世界最龐大的乾蒸汽場位於美國舊金山北邊約 145 公里的間歇泉（The Geysers）。The Geysers 擁有 1,360 MW 的裝置容量，淨產生量為 1,000 MW。

Unit 10-5
地熱的直接利用

如圖 10.8 直接利用熱，為地熱能利用當中最老的方式，但也是目前最常見的。洗澡、空間與區域加熱（space and district heating）、農業應用、養殖，以及一些工業用途，都是最常見的一些利用方式，但其中以熱泵（heat pump）用得最廣。

圖 10.8　典型應用地熱能源的熱泵系統

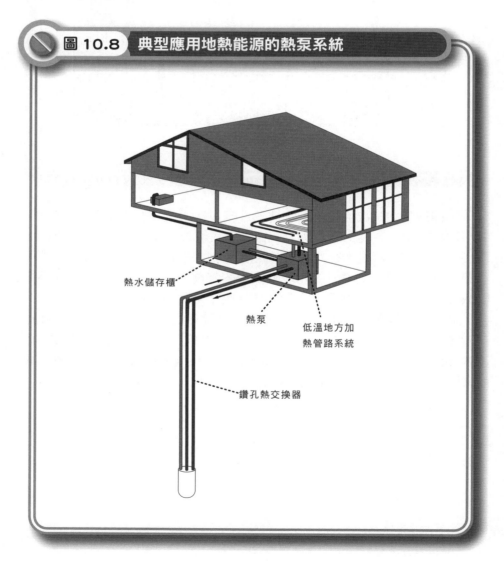

熱水儲存櫃

熱泵

低溫地方加熱管路系統

鑽孔熱交換器

空間冷卻

空間冷卻（space cooling）亦可與地熱能結合。其所需要用到的吸收機器（adsorption machine）的相關技術已相當成熟，市面上很容易找得到。

地熱空調

地熱空調（取暖與冷卻）自 1980 年代以來，隨著熱泵的推出與普及而大幅成長。各類型熱泵系統，讓我們可以很經濟的擷取並利用諸如地下水層或地面淺塘低溫水體當中所含的熱。圖 10.9 所示，為一典型應用地熱能源的熱泵系統。

所謂熱泵指的是能讓熱原本的自然流動產生逆向流動，亦即從冷的空間或物體，流向較暖和的機器。一熱泵可以和一冷凍單元同樣有效率。任何的冷凍裝置（例如窗型冷氣機、冰箱、冷凍庫等）都是將熱從一空間移出，以使之冷下來，並將此熱以較高溫度移出。

圖 10.9　應用地熱能源的熱泵系統

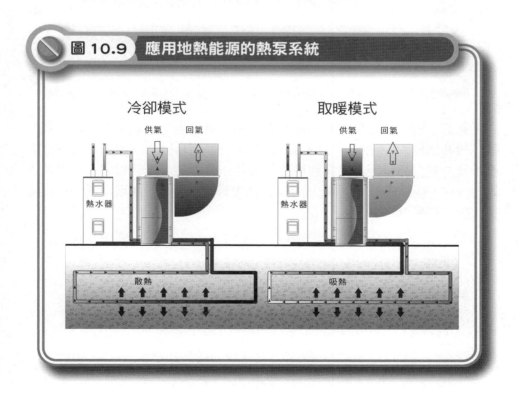

農業

　　地熱流體在農業上的利用，有可能是用在開放農田或者是在栽培溫室的加熱取暖。熱水可以引到開放農田用於灌溉，同時加熱土壤。這往往是藉著埋在土裡的管路達到目的。利用土地熱水灌溉的作物，務須小心監測水質，以防水中化學成分對作物造成不利。此種開放田地的利用方式最大的好處在於：

土地熱水灌溉的好處

1 防止環境低溫所帶來的寒害。

2 得以延長生長期、促進成長與收成。

3 對土壤進行滅菌。

　　然而，地熱在農業上應用最為廣泛的，還是溫室加熱。這在許多國家都已發展出龐大的規模。目前在非自然成長季節栽植蔬菜和花卉的技術都已相當成熟，甚至能針對各種植物的最佳成長溫度、光亮程度、土壤和空氣的溼度、空氣流動及空氣當中 CO_2 濃度等進行調節，使環境達到最佳成長狀態（如圖 10.10）。

圖 **10.10** 地熱溫室的加熱系統，安裝與自然空氣對流結合

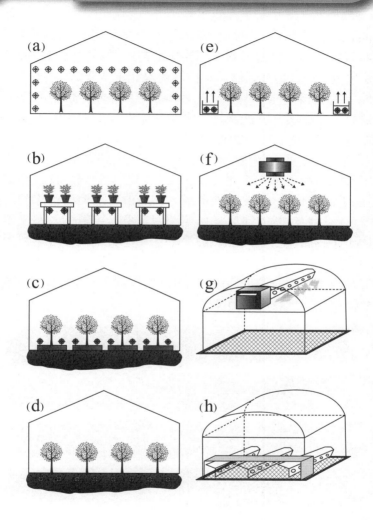

(a) 空間加熱管路；(b) 檯面加熱；(c) 低位空間加熱；(d) 土壤加熱（結合強力對流）；(e) 側面；(f) 風扇；(g) 高位導管；(h) 低位導管

Unit 10-6
地熱能源的經濟考量

地熱能源的經濟用途，包括發電和熱能直接利用。一般而言，地熱能源最主要而有效的用途就是發電，因為把地熱能源轉換成電力後，既容易利用又方便輸送，是以地熱區域可以位於遠離能源消費市場的地方。

地熱能源屬於自產能源，不但具有經濟規模，能源供應穩定、產量適合開發等優點，還能與其它能源結合利用，節省相當大比例的其它燃料消耗，達到更高溫度及更大效率的利用價值。

具備高溫及大流量等特性的地熱流體，除可發電外，還適用於許多產業。例如工業的產品乾燥、冷凍冷藏、農業的溫室栽培、食品加工、商業及家庭用途的溫水泳池、觀光、理療等，都是很有潛力的地熱利用途徑。圖 10.11 所示，為地熱能的連貫多目標利用實例。藉著納入系統整合，以提升利用因子（例如結合空間加熱與冷卻）或連貫系統，可達到相當的節約效果。

地熱能在成本和產品價格的估算當中，比起其它類型能源要來得複雜。以下所列為幾項較為一般性的指標：

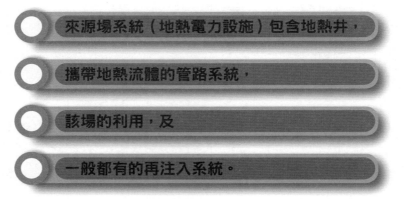

- 來源場系統（地熱電力設施）包含地熱井，
- 攜帶地熱流體的管路系統，
- 該場的利用，及
- 一般都有的再注入系統。

這些要素之間的互動與投資成本之間關係密切，務必審慎分析。例如，地熱流體可在以隔熱材料包覆的管路當中輸送相當長的距離。而管路當中所需用到的泵、閥等輔助設備及其維修都相當的貴，而可能在一座地熱場的投資成本與運轉成本當中，占相當比重。因此，地熱來源與利用場址之間的距離須愈短愈好。

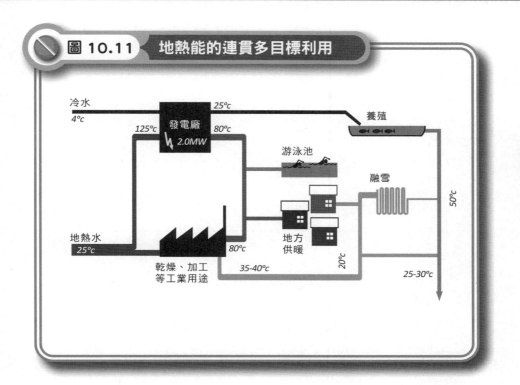

圖 10.11 **地熱能的連貫多目標利用**

冷水
4°c

25°c

發電廠
2.0MW

125°c

80°c

養殖

游泳池

融雪

50°c

地熱水
25°c

乾燥、加工
等工業用途

80°c

地方
供暖

35-40°c

20°c

25-30°c

　　為能降低維修成本與停機時間，一座地熱場的技術複雜性，應該維持在當地技術人員或隨時可到達現場的專家，能夠勝任的程度。最理想的情形下，高度專業的技術人員或製造廠商，應該僅有在大規模維修操作，或者重大故障時才需用上。

　　此外，如果一座地熱場是用來生產消費性產品，則在確定這類產品出場之前，須事先審慎進行市場調查。從生產場址到消費者之間，具經濟性運轉所必備的基礎設施亦須具備。

筆　記　欄

第11章

氫和燃料電池

章節體系架構 ▼

從過去的經驗來看，我們能樂觀的相信，人類終究能夠改造世界經濟，使其與地球生態系相容，而得以維持經濟持續進步。在此新經濟當中，風場將取代煤礦場，以氫驅動的燃料電池將取代內燃機，而都市也將是為人而非汽車所設計。而這類「氫經濟」（Hydrogen Economy），其實已可在一些地方看出端倪。

Unit **11-1**
認識氫

圖 11.1 所示為氫能源系統從太陽等初級能源，到各種應用途徑的來龍去脈。各種不同資料來源每每談到氫，都會提及以下幾點事實：

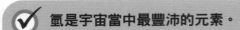

> ✓ 氫是宇宙當中最豐沛的元素。

> ✓ 在恆星當中，氫原子核在核融合反應當中互相結合形成氦原子，如圖 11.2 所示。

> ✓ 氫是能量的載具，而並非能量的來源；因為實際上要將氫從其它像是水或化石燃料等化合物當中分離出來，還須另外消耗能量。

> ✓ 全世界每年的氫產量，大約為五千萬噸。

> ✓ 在恆星當中，氫原子核在核融合反應當中互相結合形成氦原子，如圖 11.2 所示。

> ✓ 全世界每年的氫產量，大約為五千萬噸。

> ✓ 氫可透過電解水產生，條件是必須有豐沛而廉價的電。而這點正好有利於促進海域風能等再生能源的開發。

> ✓ 氫是最輕的元素和分子。

✓ 氫一旦釋入大氣當中會迅速消散，因此幾乎不會有達到燃燒程度的危險。

✓ 氫分子（H_2）比起天然氣要輕 8 倍。

✓ 由於在大氣壓力下，即使是體積龐大的氫仍相當的輕，單位體積的氫所含的能量，大約僅為天然氣的 30%。

✓ 將氫儲存在車輛上，被認為是讓氫經濟起步，亟待克服的一大障礙

✓ 單位重量氫所含能量（120.7 kJ/g），是任何已知燃料當中最高的。天然氣的是 51.6 kJ/g，石油為 43.6 kJ/g。

圖 11.1 氫能源系統的來龍去脈

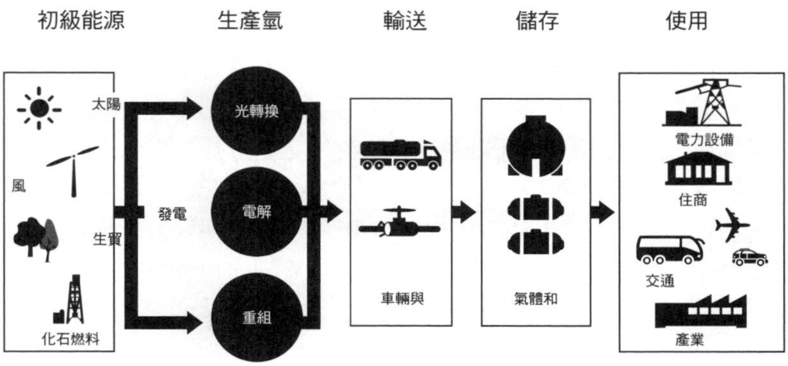

初級能源　　生產氫　　輸送　　儲存　　使用

太陽　　　光轉換

風

生質　　發電　　電解　　　車輛與　　氣體和

化石燃料　　重組

電力設備

住商

交通

產業

氫具有以下特性：

氫的特色

1　無色。

2　無臭味。

3　嚐起來沒味道。

4　不刺激。

5　無毒。

6　可迅速上升並消散掉。

7　對環境不造成衝擊，且不排放任何會造成酸雨等的空氣汙染物，以及 高度可燃並會產生火焰。

圖解再生能源

氫的安全性

1937 年發生飛船興登堡號事件。當時歸咎失事起因於氣球內氫氣漏洩、點燃。儘管後來經過釐清，塗在飛船氣囊蒙皮上的易燃性塗料，才是災難的關鍵因素，惟時至今日，氫在安全性方面的顧慮，仍是其推廣使用過程當中亟待克服的障礙。

包括氫在內的所有燃料都可燃燒，只不過氫的燃燒性質並不同於其它燃料。而其實只要嚴格遵守安全儲存、處理和使用的準則，氫也就可以和其它燃料同樣安全。

圖 **11.2** 氫的循環

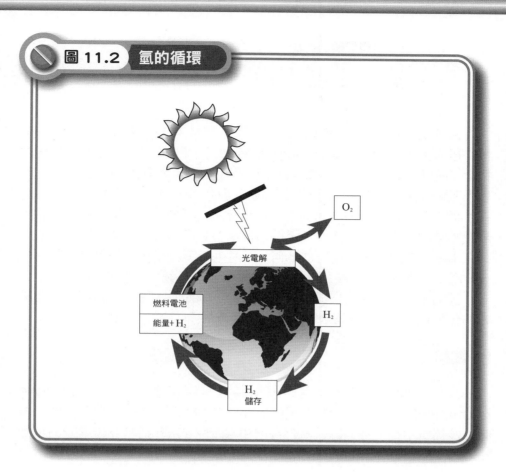

光電解

O₂

H₂

燃料電池

能量+H₂

H₂
儲存

Unit 11-2
氫的生產（1）

　　圖 11.3 所示為氫的產生路徑。地球表面上 **70%** 的物質，都是由在有機物裡的和在水裡的氫鍵（hydrogen bond）所組成的。若我們將這些氫鍵打斷，便可生產氫，進而用來作為燃料。至於打斷氫鍵的過程也有好幾種。以下所述為目前已經在使用，或正在研究發展當中的少數幾種方法。

　　氫主要是藉著蒸汽重組天然氣、電解水、阿摩尼亞分解，以及石油蒸餾與製氯的副產物等所產生。至於刻意專門生產的主要方法，為天然氣的蒸汽重組。無論所採生產方法為何，所產生的蒸汽產物接著都會將其中成分分離，並將氫乾燥、純化，接著壓縮到氣瓶或管路內，準備運送。

　　預測未來氫的產生來源如圖 11.4 所示。從圖中可看出，氫將從目前絕大部分源自於天然氣，逐漸轉型成由低碳乃至零碳來源所取代。

重組

　　大部分商用氫，是經過一種稱為蒸汽甲烷重組（steam methane reform, SMR）（或稱作轉化、重整）的加工過程所產生的。氫從高溫的催化反應器當中從天然氣等碳氫化合物和水產生。這氫通常會再經過加壓震盪吸附（pressure swing adsorption）加以純化。

電解

　　電解（electrolysis）是將水通上電流，將水當中的兩種元素—氫和氧分開。若在水當中添加鹽或直接採用海水增加這類的電解質，會提高水的導電性，而得以提升該過程的效率。在接近常溫、常壓下，將氫從純水當中的氧分開需要 1.24 伏特的電壓。所需要的電壓，會隨著溫度與壓力的改變而增減。

圖 11.3　氫的產生路徑

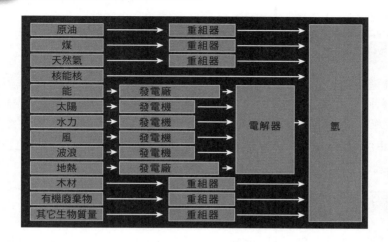

圖 11.4　預測到 2100 年之前氫產生來源的發展情形

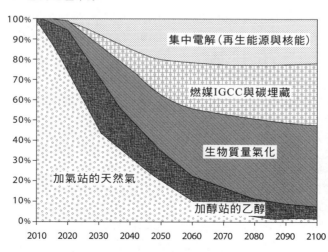

Unit **11-3**
氫的生產（2）

蒸汽電解

蒸汽電解（steam electrolysis）是另一種有別於傳統的電解過程。其中分解水所需要的能量，一部分由熱而非水來供應，如此效率可優於傳統電解。水在 2,500℃ 會裂解成氫和氧。此熱可由一套集中太陽能（concentration solar energy）裝置提供。目前的問題在於如何防止在這過程中，在高溫下氫與氧的復合。

熱化學水裂解

熱化學水裂解（thermochemical water splitting）利用像是溴或碘等化學品再輔以熱，讓水分子裂解。其需要幾個步驟（一般是三個），來完成整個過程。

光電化學

光電化學（photoelectrochemical）過程如圖 11.5 所示，採用兩種類型的電化學系統產氫。一種是利用可溶解金屬複合物（soluble metal complexes）作為催化劑，另一種用的則是半導體表面。可溶解金屬複合物在溶解時，該複合物會吸收太陽能，而補充足以驅使水解離反應進行的電力。這其實等於光合作用的翻版。

另一種方法是利用在光化學電池（photochemical cell）當中，半導電極（semiconducting electrodes）將光能轉換成化學能。該半導體表面具有吸收太陽能及作為電極兩種功能。但其中光所導致的腐蝕，限制了半導體的可用壽命。

生物和光生物

在生物和光生物（photobiological）過程當中，我們可利用藻類和細菌來產氫。某些特定的藻類當中的色素（pigments），在特定條件下會吸收太陽能。其細胞當中的酵素則扮演催化劑的角色，將水分子解離。

科學家在幾十年前，便知道藻類會產生微量的氫，只是一直找不出能

增加產量的可行辦法。最近美國加州大學（**UC Berkeley**）和美國能源部（**DOE**）的國家再生能源實驗室（**NREL**）總算找到了當中的關鍵。如圖 11.6 所示他們先讓藻類在正常狀況下生長，接著將其中的硫和氧拿掉，讓藻轉換到另一個新陳代謝的產氫機制。經過幾天的產氫過程，藻類又會回到原本正常狀態。如此可重複數次，達到能夠成本有效的從太陽轉換出氫的目的。

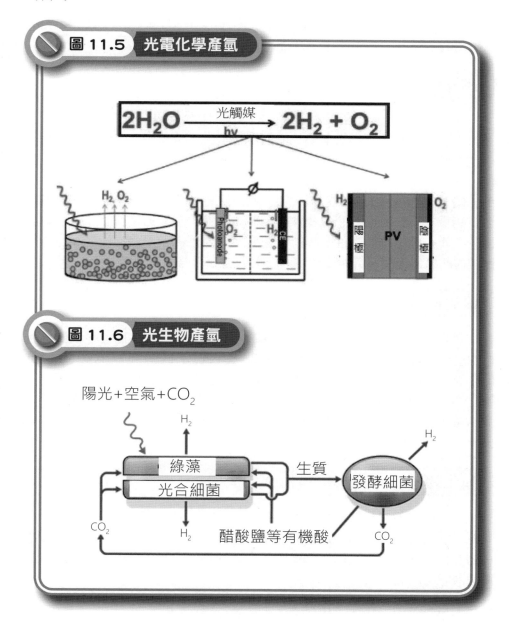

圖 11.5 光電化學產氫

$$2H_2O \xrightarrow[h\nu]{\text{光觸媒}} 2H_2 + O_2$$

圖 11.6 光生物產氫

陽光+空氣+CO_2

Unit **11-4** 氫的儲存（1）

氫一旦產生，接下來的問題便是要如何儲存了。氫可以用各種方法儲存，各有利弊，而最終用來選擇採用何種方法的準則，在於安全和便於使用。以下所列，為當今除了還處於研發階段的一些技術以外，實際已經可以採用的各種方法。

壓縮氫

在常壓之下，一公克的氫氣占了略少於 11 公升的空間。因此，實用上氫氣需壓縮到好幾百個大氣壓，並儲存在壓力容器當中。液態氫則只能儲存在極低的溫度下。而以上條件要在日常使用當中加以標準化，都不切實際。

儘管氫也可像天然氣一般，壓縮到高壓儲槽當中，只不過此過程需要加入能量才得以完成，而這些壓縮氣體所占據的空間通常還都很大，以致相較於傳統儲槽中的汽油，其能量密度還是偏低。一個儲存能量和汽油儲槽相當的氫氣儲槽，可能要比汽油儲槽大上三千倍。

液態氫

氫可以液態存在，但必須是在極冷溫度之下。因此，將此氣體壓縮至液態也就很貴。液態氫一般需儲存在 20 K（或 -253℃）的環境當中。如此儲存液態氫的低溫需求，使得用來壓縮與冷卻氫成為液態所需要的能量亦隨之提升。冷卻與壓縮過程需要能量，導致儲存液態氫所具有能量當中的 30% 都損失了。該儲存槽須有極佳的加強隔熱以保存溫度，並特別加以強化。

氫化物

目前要將氫當作氣體燃料廣泛使用，這兩種儲存方法都還存在著一些問題。而金屬氫化物（hydrides）技術，則堪稱這些問題的解方。在金屬氫化物儲存方法當中，氫以一低壓固態形式儲存，如此得以解決壓縮氣體與冷凍液態法所面對的一些問題。

許多人認為唯有以氫化物儲存氫（如圖 11.7 所示），才得以克服前述儲氫方法所遭遇的一些障礙。此氫化物是一種合金，其能夠吸收並透過化學結合形成氫化物，以保存大量的氫。一種理想的儲氫合金，必須能夠在不損及其本身結構的情形下，吸收和釋放出氫。目前幾種相互競爭的作法，包括液態氫化物、車上燃料加工（on-board fuel processing），以及富勒烯奈米管（Fullerenes nanotubes）。未來若發展成功，金屬氫化物可成為工業界的標準儲氫方式，而可應用於車輛等運輸方面，刺激燃料電池載具的進一步發展。

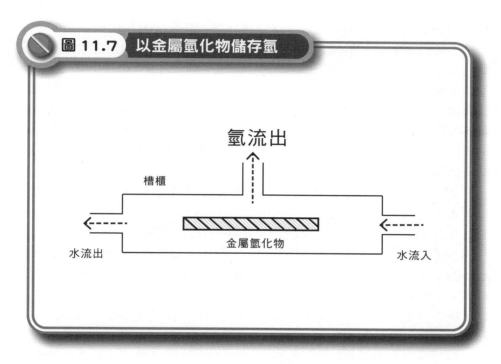

圖 11.7　以金屬氫化物儲存氫

氫流出

槽櫃

金屬氫化物

水流出

水流入

Unit **11-5** 氫的儲存（2）

金屬氫化物槽

　　金屬氫化物為合金的特定組成，其作用一如海綿之吸取水。金屬氫化物具有吸收氫，接著在常溫或透過加熱再釋出氫的特殊能力。氫化物槽所吸收的總氫量，一般為槽總重的 2% 到 4%。有些金屬氫化物可儲存達其本身重量的 5% 至 7%，但須加熱到 250℃或更高。雖然金屬能吸收氣體量所占百分比仍然偏低，但氫化物畢竟還是提供了一個很有價值的儲氫方案。

　　金屬氫化物的優點，是能在常壓下安全的運送氫。而金屬氫化物儲槽的壽命，又直接和所儲存氫的純度有關。有如海綿，該合金雖吸收氫但也同時吸收任何透過氫所引進的雜質。其結果，雖然從儲槽所釋出的氫極純，但也由於留下來的雜質填充了金屬當中原來由氫所占據的空間，而使儲槽的壽命與儲氫的能力隨之折損。

　　如今，可填充式的金屬氫化物，提供了固態而且可靠的氣體與液體儲存選項，得以在常溫與常壓之下儲存大量的氫。其提供了一個安全、具能源效率且對環境友善的，可用於燃料電池的氫燃料儲存方法。金屬氫化物的另一優點，是其得以輸送很純的氫。這對質子交換模（proton exchange membrane, PEM）燃料電池來說特別重要。PEM 燃料電池採用鉑（Pt）觸媒，不允許氫當中存在某些特定汙染物（像是一氧化碳）。此外，金屬氫化物在儲氫期間，幾乎完全不會有任何耗損，所以架上壽命（shelf life）極長。

　　有關氫讓金屬所吸收的一般機制如圖 11.8 所示。氫分子首先是微弱的在表面物裡吸收（physisorbed），接下來各個氫原子再以很強的化學鍵作化學吸收（chemisorbed）。氫原子是既輕且小，因此也就可以很快的就從表面擴散滲入（diffuse）金屬結晶格子當中的週期位置（periodic sites）當中。一旦來到結晶格子當中，氫原子便可成為某種隨機固體溶液形態，或者與金屬原子鮮明鍵合且高密度堆疊的有序氫化物結構形態（如圖 11.9 所示）。其表面在氫分離或重新結合（dissociation and re-association）反應的催化上扮演重要角色。

圖 11.8　金屬吸收氫的一般機制

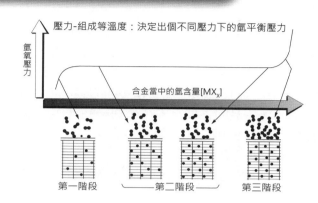

壓力-組成等溫度：決定出個不同壓力下的氫平衡壓力

氫氧壓力

合金當中的氫含量[MX$_x$]

第一階段　　　第二階段　　　第三階段

填充	釋放出
H2 壓力高於平衡壓力	H2 壓力低於平衡壓力

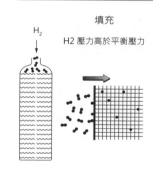 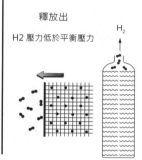

H$_2$

圖 11-9　由左至右，氫的吸附、脫離及氫化物的形成

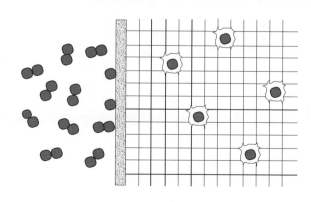

化學儲存

　　由於氫是宇宙當中最豐富的元素，一般都可在各種化合物當中找得到。而這些化合物當中，就有很多都可用作氫的儲存。氫可在一化學反應當中，形成一穩定的含氫化合物，並在接下來的反應發生時釋出來，再藉由一燃料電池加以收集與使用。確切的反應隨各種不同的儲存化合物而異。

　　透過上述化學反應產氫的各種不同技術的一些實例，包括氨裂解、部分氧化、甲醇裂解等等。在這些方法當中，因為氫是應需求而產生出來，而也就省掉了原本產生氫所需的儲存單元。

　　圖 11.10 為最近在共價有機架構薄膜儲氫研發上的一些進展。

圖 11.10 共價有機架構薄膜儲氫進展

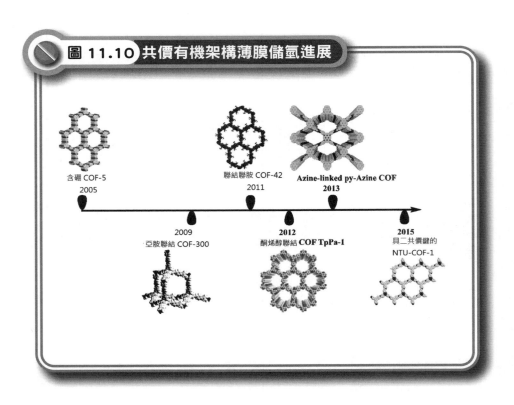

含硼 COF-5
2005

聯結聯胺 COF-42
2011

Azine-linked py-Azine COF
2013

2009
亞胺聯結 COF-300

2012
酮烯醇聯結 COF TpPa-1

2015
具二共價鍵的
NTU-COF-1

筆　記　欄

Unit 11-6
氫的儲存（3）

碳奈米管

　　碳奈米管（carbon nanotubes）為二奈米（十億分之一公尺）碳顯微管，將氫儲存在管子結構當中的顯微孔隙內。其機制類似金屬氫化物儲存與釋出氫的情形。碳奈米管的優點在於其所能儲存氫的量。碳奈米管具備儲存相當於其本身重量的 4.2% 至 70% 的氫的能力。

　　美國能源部曾表示，要能實際應用在運輸上，碳材質的儲氫容量須相當於其本身重量的 6.5%。碳奈米管及其儲氫容量仍處於研發階段。此一技術的研究著眼於系統性能與材質性質的最佳化、碳奈米管的製造技術的改進，以及成本的降低以促其商業化。

216

玻璃微球

　　微小中空玻璃球（glass microspheres）可用以安全的儲存氫。這些玻璃球經過加熱，其球壁的滲透性即隨之增加，當浸在高壓氫氣當中時，氫得以填充到球當中。接著再將球冷卻，便將氫閉鎖在玻璃球當中。接下來若升高溫度，即可將球中的氫釋出。上述微球可以很安全、抗汙染，並能在低壓下保存住氫，而提高安全性。

液態載具（氫化物）儲存

　　這號稱當今最普通的，將氫儲存在化石燃料當中的一種技術。當以汽油、天然氣及甲烷等作為氫的來源時，該化石燃料需要的是重組。重組過程將氫從原來的化石燃料當中移出。重組之後所得到的氫，接著再將會毒害燃料電池的過剩一氧化碳清除後，即可用在燃料電池上。

　　液體氫化物為甲醇或環氧樹脂（cyclohexane）等物質。其就如同液態燃料那樣容易運送，但若要從其中釋出氫則還須進行重組或部分氧化（reformed or partially oxidized）。

　　甲醇在室溫下為液體。因此在既有的能源網絡當中是可以輸配的。甲醇有很高的氫原子與碳原子比率。目前從甲醇當中萃取氫的雛型，是在重組器（reformer）當中與水反應。相較於使用一般的汽油，採用甲醇可減少

30% 的二氧化碳排放。

　　設置在車上的甲醇轉換器，會使燃料電池反應程序複雜許多，而這方面的另一研究重點，便在於轉換是否會造成觸媒毒化（catalyst poisoning）的問題。甲醇同時也是具高腐蝕性的材質，會使得更換燃料槽成為頻繁且昂貴的問題，更遑論環境方面的因素了。圖 11.11 比較採用不同方法每公升所儲存氫的公克數。

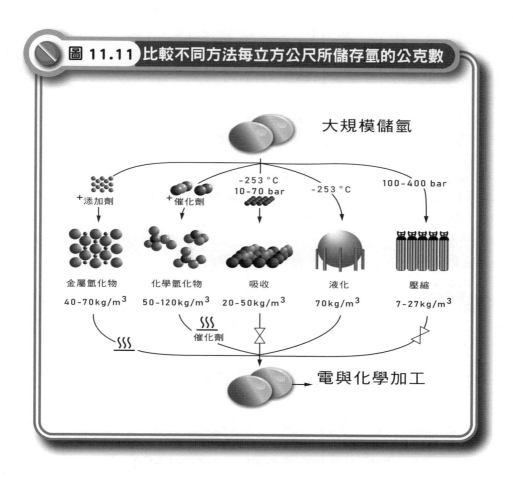

圖 11.11 比較不同方法每立方公尺所儲存氫的公克數

大規模儲氫

+添加劑　　+催化劑　　-253 °C
　　　　　　　　　　10-70 bar　　-253 °C　　100-400 bar

金屬氫化物　　化學氫化物　　吸收　　液化　　壓縮
40-70kg/m³　50-120kg/m³　20-50kg/m³　70kg/m³　7-27kg/m³

催化劑

電與化學加工

Unit **11-7**
氫燃料電池

　　在車輛上，氫可以從兩個方向作為燃料。一種最乾淨的選擇，是在燃料電池（fuel cell, FC）當中產生電。或者也可以將氫直接用在內燃機當中燃燒，以產生能量。雖然總的來說，後者所產生的排放物，比起其它燃料所產生的還是低得多，然而由於其極高的燃燒溫度，在傳統引擎當中燃燒氫，會產生很高的氮氧化物（NOx）。

　　燃料電池為一類似標準電池（battery）透過某化學反應，以產生電的裝置。不同於一般我們所用電池的是，燃料電池有一外在燃料來源（一般為氫氣），只要持續供應此燃料，即可發出電來，亦即永遠不需要充電。在大多數燃料電池當中，在一燃料槽內的氫和空氣當中的氧結合，便產生了電和熱水。

　　燃料電池在將燃料轉換成為電的效率上，比起一般發電廠或內燃機都要來得高，而且也不會排放污染物或噪音。目前已有許許多多的醫院、辦公建築及工業設施，都已採用燃料電池。而汽車製造商們，也都對於利用它來作為其在世界上許多地方都被要求生產的「零排放車」（zero emissions vehicles）的動力，有著極高的興趣。

作動方式

　　11-8 節圖 11.13 所示為氫燃料電池的作動原理。燃料電池產生電所透過的化學反應，當中的化學成員相當簡單，只有氫和氧：

$$\text{陽極：} H_2 \rightarrow 2H^+ + 2e^-$$

$$\text{陰極：} \frac{1}{2} O_2 + 2H^+ + 2e^- \rightarrow H_2O$$

　　目前使用中的固定式燃料電池箱，先是從天然氣管路引進瓦斯（一如瓦斯爐），在同一個箱子裡，將其轉換成氫，再產生電。至於車上的燃料電池，所需要的氫燃料，則是儲存在從別處加到車上的壓力儲槽當中。大多

數燃料電池發電系統都包含以下元件：

✓ **發生反應的電池單元**

✓ **個別電池電聯在一起所形成的電池堆（stacks）**

✓ **可包含燃料處理器（fuel processor）、熱管理（thermal management）、電力處理（electric power conditionings），及其它輔助功能的電廠平衡裝置**

圖 11.12 所示，為包含熱管理與電力處理等輔助功能在內的 FC 電力系統。

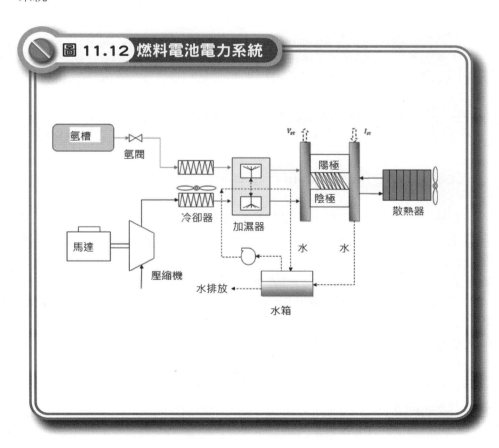

圖 11.12 燃料電池電力系統

Unit 11-8
燃料電池種類

燃料電池依所用電解質，分為以下幾種類型：

- ✓ **鹼性燃料電池（alkaline fuel cell, AFC）**

- ✓ **質子交換膜燃料電池或固體高分子型燃料電池（PEMFC 或 PEFC）**

- ✓ **磷酸燃料電池（phosphoric acid fuel cell, PAFC）**

- ✓ **熔融碳酸鹽燃料電池（molten carbonate fuel cell, MCFC）**

- ✓ **固態氧化物燃料電池（solid oxide fuel cell, SOFC）**

比起較大型的 PAFC、MCFC、和 SOFC，AFC 與 PEM 較適於運輸用途。

如圖 11.13 所示，FC 通常是將燃料供應到陽極，同時供應氧化物（通常是空氣中的氧）到陰極。氫是用得最廣的燃料，其對陽極反應具有高反應性，且可以從許多種燃料透過化學反應產生。氫在陽極氧化，失去電子，電子流過電路到釋出氧的陰極。氫與氧也就在此結合成為水。

FC 的電解質在於將溶解的反應物輸送至電極，防止燃料與氧化物氣體相混，並傳導電極之間的離子，以完成燃料電池的整個電路。其電極在於傳導電子，收集電流並與其它電池相通，確保反應物氣體均勻分布在整個電池，同時確保將反應產物，從反應處引開。

目前的研究，著眼於開發應用於運輸與輸配能源系統的低溫燃料電池，亟待改進空間在於：

低溫燃料電池，亟待改進空間

1. 成本與可靠性
2. 高效率
3. 耐用性
4. 熱能利用
5. 起動時間
6. 電力與負載需求
7. 例如質子交換膜、氧還原電極、先進觸媒等元件的性能

圖 11.13 氫燃料電池的作動原理

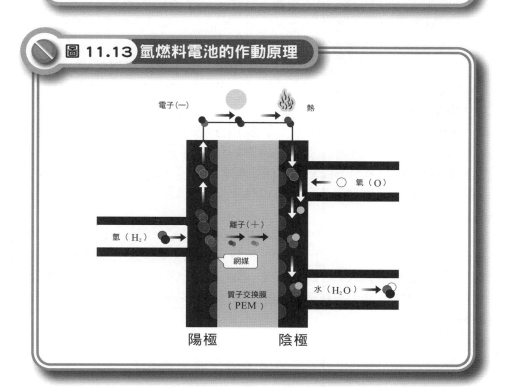

電子(-)　熱

氧（O）

離子（+）

氫（H₂）

網媒

質子交換膜（PEM）

水（H₂O）

陽極　　陰極

Unit **11-9**
鹼性燃料電池

　　自 1960 年代以來，AFC，即被應用在阿波羅火箭和太空梭上。由於操作溫度低，其效率可高達 70%，為最有效率的發電裝置。AFC 採用的是多孔隙穩定陣列浸泡在液態氫氧化鉀溶液當中，其濃度隨操作溫度（65°至220℃）而異。

　　AFC 一般被用在人造衛星上，操作時所需溫度不高，能量轉換效率佳，可選擇之觸媒如銀、鎳等種類多且價廉，但在各種燃料電池開發的競爭當中，卻無法超前，主要障礙在於其電解質須為液態，且氫燃料純度要求甚高。而 AFC 的電解質卻又易於和空氣中的二氧化碳作用產生氫氧化鉀，以致不利於電解質品質並弱化發電性能。

　　在 AFC 當中，氫氧離子（hydroxyl ion）從陰極移行到陽極，和氫作用產生水和電子。接著水從陽極移行回到陰極產生氫氧離子。電和熱於是產生。圖 11.14 所示為鹼性燃料電池的作動情形。

　　製作起來，鹼性燃料電池是最便宜的電池，因為其觸媒可採用好幾種不同不算貴的材質。不過該觸媒卻也對一氧化碳水和甲烷的毒性都很敏感。

　　二氧化碳會和電解質作用產生碳酸鹽，而毒化電池並降低其性能。結果，二氧化碳會與氫氧離子作用，降低氫氧化物的濃度提高電解質黏度並導致擴散率降低、碳酸鹽沉澱，並降低質傳，而氧的溶解度和電解質的導電性亦隨之降低。

　　由於 AFC 電池的敏感性，目前僅限用於封閉環境當中，而尚無法考慮真正應用在車量上。不過，裂解的阿摩尼亞因為不含碳，而能夠直接饋入電池形成氫，如此可免去像是從含碳燃料來源所產生的氫，所必要的純化。或者，若是以液態氫做為燃料，可以熱交換器來將二氧化碳從電池當中凝結出來。

　　有一種作法是採用與一外部吸收劑一道循環的電解質，以從燃料流當中去除二氧化碳。在操作過程當中，電解質持續循環以防止電池乾掉、提供熱管理、降低氫氧化物的濃度梯度、預防形成氣泡及凝聚碳酸鹽等雜質，使其易於在循環流當中濃縮加以去除。此外，該電池不需用到貴金屬觸媒，便可有高作用特性。

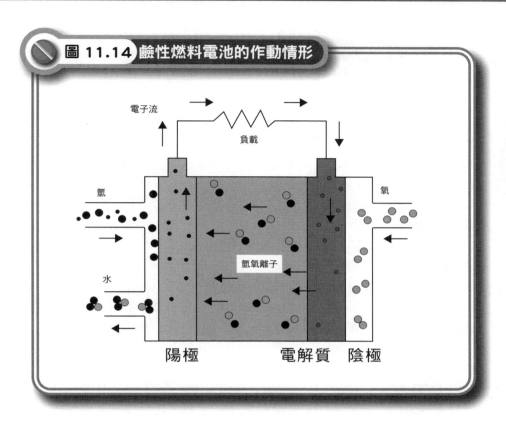

圖 11.14 鹼性燃料電池的作動情形

電子流

負載

氫

水

氫氧離子

氧

陽極　　電解質　陰極

Unit 11-10
質子交換膜

　　質子交換膜（PEM）FC 是目前所能獲取的 FC 系統當中最便宜的，尤其是自從後來其對於鉑（白金）的需求大幅減少以來。圖 11.15 所示為 PEM 作動原理。其採用的是有機聚合物聚過氟磺酸（polyperfluorosulfonic acid），類似鐵弗龍（teflon）的固態電解質，如此一來，比起採用液態電解質的燃料電池，腐蝕和安全方面的問題也得以減輕，而可以在較低的運轉溫度下運轉。

　　PEMFC 的電解質為離子交換膜，薄膜的表面塗有大多為鉑，可加速反應的觸媒，薄膜兩側分別供應氫與氧。其中氫原子分解為兩個質子與兩個電子，質子被氧所吸引，再和經由外部電路抵達此處的電子形成水分子。由於其中僅有水，腐蝕問題相當小，同時操作溫度介於 80° 至 100℃之間，安全顧慮低。其缺點是鉑觸媒成本高，若節約用量，操作溫度又將隨之上升。同時，鉑易與一氧化碳反應導致中毒，僅適合作為汽車動力來源，而不適用於大型發電廠。

　　PEMFC 在常溫情況下，三分鐘之後即可提供大約 50% 的最大出力。如此的運轉溫度，使其用作家庭電和熱水的供應，甚為理想。再加上其既輕且穩固，也很適用於汽車工業。

　　PEM 燃料電池和 AFC 不同，其可以重組的氫燃料運轉，而並不需要將二氧化碳去除或再循環。至於燃料當中任何的一氧化碳，則仍然必須轉換成二氧化碳，而這也可以很容易藉著將一套催化過程，整合到燃料供應系統當中做到。

　　該膜為一電子絕緣體，但卻是氫離子的良好導體。雖然磺酸群組（sulfonic acid groups）是固定在聚合體上，但質子卻可以穿過離子位置透過膜，自由移行。此離子的運行取決於與此位置有關的水。

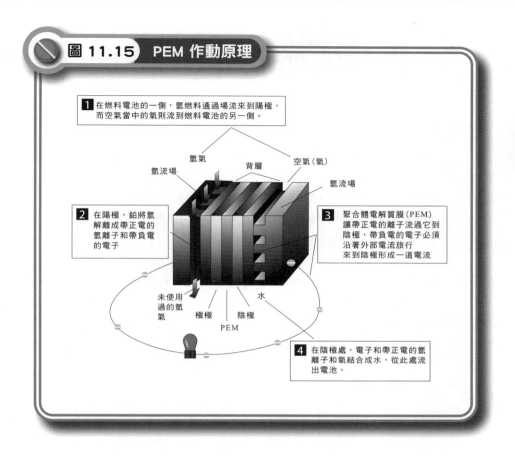

圖 11.15　PEM 作動原理

1 在燃料電池的一側，氫燃料通過場流來到陽極，而空氣當中的氧則流到燃料電池的另一側。

氫氣　　背層　　空氣（氧）

氫流場　　　　　　氧流場

2 在陽極，鉑將氫解離成帶正電的氫離子和帶負電的電子

3 聚合體電解質膜（PEM）讓帶正電的離子流過它到陰極，帶負電的電子必須沿著外部電流旅行來到陰極形成一道電流

未使用過的氫氣　　水

陽極　　陰極

PEM

4 在陰極處，電子和帶正電的氫離子和氧結合成水，從此處流出電池。

　　高溫 PEM 燃料電池需要較新或修改過的，像是聚苯咪唑（polybenximidizole, PBI）等離子交換膜，然而此膜需要用到磷酸，這又衍生出其它像是如何避免液態水和防止腐蝕等挑戰。另一個似乎比較可行的作法，就是將目前的膜加以修改。

　　目前在燃料電池當中的膜都既貴又有限，且對於鉑的需求也使其還不夠經濟。此外，陰極的性能也還需要改進以提升電流密度。而目前還不完全清楚的，電池降解方面的挑戰也必須面對。

Unit 11-11
其他燃料電池

PAFC

　　磷酸燃料電池（PAFC）所採用的是浸在液態磷酸當中與鐵弗龍接合的矽碳化物陣列。該陣列為多孔隙組織，可利用毛細管作用留住磷酸。在電極的陰極和陽極側，都有以鉑催化的多孔隙碳電極。燃料與氧化物氣體透過碳複合材料板溝槽組成供應到電極背後。這些板皆具導電性，而電子也就可以在相鄰電池之間，從陽極移到陰極。

　　PAFC 已開發逾 20 年，為最成熟的燃料電池技術。PAFC 所使用之電解質為 100% 濃度之磷酸。操作溫度介於 150 至 220℃ 之間，具有能承受重組燃料與二氧化碳，以及所產生之廢熱可回收利用的優點，因此可廣泛利用源自於重組的天然氣，或是在垃圾掩埋場產生的氣體作為燃料。此外，其觸媒與 PEFC 同為鉑，因此也有成本過高的問題。目前正由於 PAFC 既大且重，多用於固定的大型發電機組，且已商業化。

MCFC

　　熔融碳酸鹽燃料電池（MCFC）的電解質為碳酸鋰或碳酸鉀等鹼性碳酸鹽，所採用燃料電極或空氣電極材質為多孔、具透氣性的鎳。操作溫度約 600℃ 至 700℃，廢熱可回收作為加熱之用。儘管其熱電共生的效率高達 85%，很適用於集中型發電廠，然其本身的效率偏低，僅 35% 至 45%。由於溫度相當高，在常溫下為白色固體狀的碳酸鹽熔融為透明液體，能發揮電解質的功用，而不需要貴金屬當觸媒。目前相關研究著眼於藉由提升其操作溫度及磷酸濃度，以改善電池性能。

SOFC

　　固態氧化物燃料電池（SOFC）的電解質為氧化鋯，因含有少量的氧化鈣與氧化釔，穩定度較高，不需要觸媒。一般而言，此種燃料電池的操作溫度約為 1,000℃，廢熱可回收利用，大都用於中型規模發電機組。

在 PAFC 足以和其它能源技術抗衡之前，其還必須更便宜些、較有效率些，並能延長其壽限。延長受限的措施包括採用一系列燃料，以減輕腐蝕、平衡儲池當中的孔隙尺寸以防止浸泡、並在陰觸媒上採用高抗腐蝕碳支架。

進一步開發觸媒可望降低 PAFC 的成本，使其成為較具吸引力的能源。儘管 PAFC 可適用於不同的燃料，唯其陽極卻對汙染物相當敏感。目前的作法是在燃料重組之前，先進行純化以去除硫化氫、COS 及 CO。若觸媒能夠承受硫化氫和 CO，便可大幅簡化系統並降低成本。

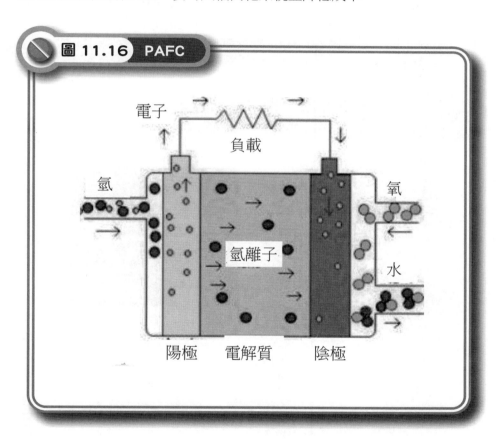

圖 11.16 PAFC

電子

負載

氫

氧

氫離子

水

陽極　電解質　陰極

Unit 11-12
燃料與燃料雜質

　　重組後的燃料含有一氧化碳（CO）、二氧化碳及尚未作用的碳氫化合物。二氧化碳和尚未作用的碳氫化合物屬化學遲鈍而不會對電池的性能造成太大的影響。然而，溫度和 CO 濃度會影響白金上的氫氧化。

　　CO 可使觸媒中毒，但操作溫度上升亦會增強 PAFC 對 CO 的容忍限度。硫化氫和硫化碳等雜質亦會降低催化的效力。硫必須在燃料重組之前加以去除，否則只要超過 50 ppm 即會迅速造成電池失效。因為高於此濃度，其將吸附在白金上，而阻礙氫的氧化。

圖 11.17　FC 清潔過程

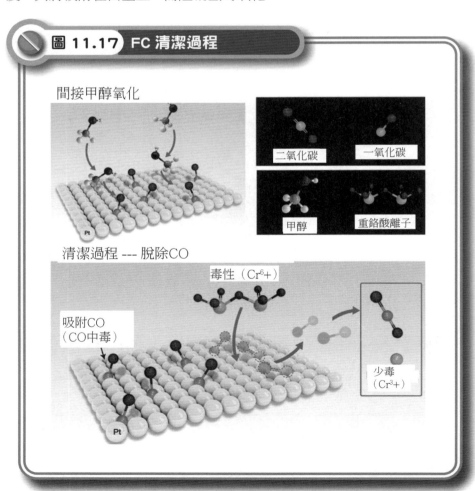

間接甲醇氧化

二氧化碳　　一氧化碳

甲醇　　重鉻酸離子

清潔過程 --- 脫除CO

毒性（Cr^{6+}）

吸附CO
（CO中毒）

少毒
（Cr^{3+}）

Pt

氮分子作為稀釋劑，至於阿摩尼亞則是藉由與磷酸形成磷酸鹽，而降低氧的還原速率。結果氮分子也就必須限於 4% 以下。研究顯示，氧耗用的少可得到較佳的性能，但燃料的使用卻也就變得較差。

　　為增強燃料電池效率，須清除毒性重金屬離子。間接甲醇氧化會造成觸媒失能。如圖 11.17 所示，藉著現場還原六價鉻，可使 CO 中毒的 Pt 觸媒得以重新活化。此觀念可應用在甲醇燃料電池，以一舉增進其效能，並清除毒性鉻。

　　圖 11.18 所示，為燃料電池遭不等 ppmv CO 中毒與復原過程中，電流密度（A/cm²）的變化情形。

　　圖 11.17 透過間接甲醇氧化的 CO 中毒（上圖），以及藉著引進六價鉻掃除 CO 的清潔過程（下圖）

圖 11.18　燃料電池中毒與復原過程的電流密度變化

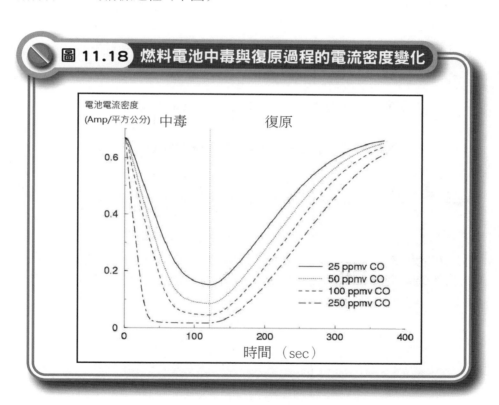

Unit 11-13
微燃料電池

圖解再生能源

230

　　隨著小型隨身電子產品日趨複雜，微燃料電池在電力上的需求，也會很快遠超過一般鋰電池所的。因此，高科技製造廠都很有興趣開發出，能夠提供更長電池壽命與電力更加精實的微燃料電池。

　　能自行發電的微燃料電池，並不同於一般需要從外部充電的鋰電池。目前最看好的雛型之一，所用的電力來源為甲醇。甲醇為一般所稱的木精，市面上可以買到用來填充裝置的小瓶裝。一個甲醇燃料電池（methanol micro fuel cells）若與鋰電池合併使用，可以讓一部筆記型電腦的工作時間，從三個小時拉長到 24 小時。其陰極與陽極當中的反應過程如下：

$$\text{陽極：} CH_3OH + H_2O \rightarrow CO_2 + 6H^+ + 6e^-$$

$$\text{陰極：} 6H^+ + 6e^- + \frac{2}{3}O_2 \rightarrow 3H_2O$$

　　只不過甲醇為毒性液體，因此並不那麼適合用在隨身電子產品上。而有些開發者倒是看上了一般含酒精飲料當中就有的乙醇。乙醇燃料電池一般都利用酵素來擷取氫，以產生電流。理論上，這類燃料電池確可由高粱酒或伏特加酒來驅動。

日本東芝公司研製出號稱最小巧，可直接使用的甲醇燃料電池。此電池可用於小型的電子裝置，如手機（圖 11.19）和數位相機等。含燃料儲存槽，這款「直接甲醇燃料電池」（direct methanol FC, DMFC）一次注入 2 立方公分的甲醇之後，即可提供長達 20 小時的 100 毫瓦特的電力。

DMFC 的一端儲存稀釋的甲醇，另一端儲存氧氣。兩者透過一層可滲透薄膜接觸，氫離子從甲醇端游離到氧這一端，隨即沿連結電池兩端的電路驅動電子流。甲醇和氧隨後轉化為二氧化碳和水。此外，所謂被動燃料供給系統（passive fuel supply system）技術，是直接把甲醇填充到電池裡與水結合，營造出一種濃度梯度，讓燃料以甲醇和水分別占 10% 和 90% 的比例在薄膜層交會。

圖 11.19 使用 FC 的手機

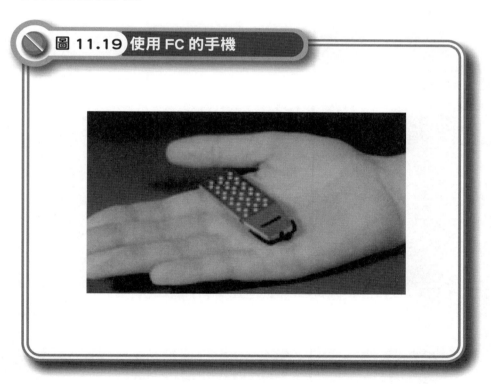

筆　記　欄

國家圖書館出版品預行編目資料

圖解再生能源／華健作. －－初版.－－臺北
市：五南圖書出版股份有限公司, 2024.06
面；　公分
ISBN 978-626-393-202-9 (平裝)

1.CST: 再生能源　2.CST: 能源開發　3.CST:
能源技術

400.15　　　　　　　　113003751

5I74

圖解再生能源

作　　者 ― 華　健（498）

發 行 人 ― 楊榮川

總 經 理 ― 楊士清

總 編 輯 ― 楊秀麗

副總編輯 ― 王正華

責任編輯 ― 張維文

內頁排版 ― 簡鈴惠

封面設計 ― 封怡彤

出 版 者 ― 五南圖書出版股份有限公司

地　　址：106台北市大安區和平東路二段339號4樓

電　　話：(02)2705-5066　　傳　　真：(02)2706-6100

網　　址：https://www.wunan.com.tw

電子郵件：wunan@wunan.com.tw

劃撥帳號：01068953

戶　　名：五南圖書出版股份有限公司

法律顧問　林勝安律師

出版日期　2024年6月初版一刷

定　　價　新臺幣350元

經典永恆・名著常在

五十週年的獻禮——經典名著文庫

五南，五十年了，半個世紀，人生旅程的一大半，走過來了。

思索著，邁向百年的未來歷程，能為知識界、文化學術界作些什麼？

在速食文化的生態下，有什麼值得讓人雋永品味的？

歷代經典・當今名著，經過時間的洗禮，千錘百鍊，流傳至今，光芒耀人；

不僅使我們能領悟前人的智慧，同時也增深加廣我們思考的深度與視野。

我們決心投入巨資，有計畫的系統梳選，成立「經典名著文庫」，

希望收入古今中外思想性的、充滿睿智與獨見的經典、名著。

這是一項理想性的、永續性的巨大出版工程。

不在意讀者的眾寡，只考慮它的學術價值，力求完整展現先哲思想的軌跡；

為知識界開啟一片智慧之窗，營造一座百花綻放的世界文明公園，

任君遨遊、取菁吸蜜、嘉惠學子！